3DS Max+VRay
家装效果图表现

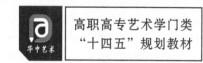

高职高专艺术学门类
"十四五"规划教材

■ 主 编 马 驰
■ 副主编 张 柳 宋 雪 张 萍 申淑娟 张瑞旭
■ 参 编 蒋 芳

A R T   D E S I G N

华中科技大学出版社
http://www.hustp.com
中国·武汉

图书在版编目（CIP）数据

3DS Max + VRay 家装效果图表现 / 马驰主编. — 武汉 : 华中科技大学出版社, 2014.1（2024.7重印）

ISBN 978-7-5609-9626-4

Ⅰ.①3… Ⅱ.①马… Ⅲ.①三维 – 室内装饰设计 – 计算机辅助设计 – 应用软件 Ⅳ.①TU238–39

中国版本图书馆 CIP 数据核字(2014)第 042808 号

3DS Max + VRay 家装效果图表现 马　驰　主编

策划编辑：张　毅
责任编辑：赵巧玲
封面设计：优　优
责任校对：刘　竣
责任监印：张正林

出版发行：华中科技大学出版社（中国·武汉）　　电话：（027）81321913
　　　　　武汉市东湖新技术开发区华工科技园　　邮编：430223

录　　排：龙文装帧

印　　刷：广东虎彩云印刷有限公司

开　　本：880 mm × 1230 mm　1/16

印　　张：10.5

字　　数：337 千字

版　　次：2024 年 7 月第 1 版第 4 次印刷

定　　价：58.00 元

前言

本书主要讲解用 3DS Max+VRay 软件制作室内家装效果图的流程与方法。全书共分五章，除第一章之外，其他四章全部采用实例式分步骤讲解。第一章介绍室内设计效果图基本概念、制作常用软件、制作流程，以及室内设计风格特征等。第二章至第五章分别讲解卧室、厨房、客厅、餐厅等空间的室内效果图制作。每一章的内容设计，是根据效果图制作过程的典型工作任务，细分为 3DS Max 模型创建、VRay 渲染软件渲染设置、灯光、材质、相机、渲染输出、Photoshop 后期处理等七个阶段。

本书在内容设计及讲解方法方面有如下特点。

一、根据教科研课题开发的教材

本书是根据武汉工程职业技术学院土木工程系马驰老师的湖北省教育科学"十二五"规划课题"设计中交流性图像表达及教学研究"而开发的环境艺术设计类专业计算机辅助设计教学运用方面的教材。

二、基于工作过程的教学理念，设计组织教材内容

本书除第一章介绍效果图及软件运用的基础知识之外，其他四章全部采用实例式教学。本书根据室内效果图制作的工作过程，选择其中七个典型的工作任务，将实例教学细分成七个阶段讲解。

三、根据循序渐进的认知规律，安排教学内容

将软件知识点的学习融入实例制作过程中，同时根据循序渐进的认知原理设置教学内容。我们将不同复杂程度的实例按照章节顺序进行编排，如将建模和材质灯光设置比较简单的卧室效果图介绍安排在第二章中，而将稍复杂的客厅效果图的讲解安排在第四章中。

四、步骤详细，便于自学

在实例制作中，每个步骤都配有非常详细的图示、文字说明及光盘素材资料，初学者可以根据步骤自行完成实例制作。

本书由马驰担任主编，张柳、宋雪、张萍、申淑娟、张瑞旭担任副主编，蒋芳参编。特别感谢武汉工程职业技术学院、武汉东湖学院、惠州学院、长沙理工大学、周口科技职业学院、湖北第二师范学院对本书的大力支持！

本书不仅适合各高校环境艺术设计、建筑设计、室内设计、建筑装饰、室内装饰装潢等专业的计算机效果图表现教学，同时也可供广大美术设计工作者绘图参考。

由于时间有限，本书难免有一些不足之处，还望读者批评指正。

编者

2014 年 3 月

目录

第一章

概述

总述：本章从室内设计效果图的基本概念、风格特征、软件简介、绘图流程等四个方面对室内设计效果图进行叙述。

一、室内设计效果图的基本概念

1. 室内设计效果图的基本概念

室内设计效果图是室内设计师表达创意构思的一种外在表达方式。它通过将创意构思进行形象化表现，对室内空间的造型、结构、色彩、质感、光影等诸多因素进行真实的再现，从而能够准确地表达设计者的创意，实现设计者与观者之间视觉语言的联系与沟通，使观者更清楚地了解设计后的最终效果。室内设计效果图示例如图1-1所示。

图 1-1

2. 室内设计效果图表现手段与制作要求

随着计算机软件技术的不断成熟，室内设计效果图也逐渐趋向计算机化，通常绘制效果图的人员需要具备艺术设计和计算机软件运用方面的双重能力。本书主要讲解运用现代计算机软件技术表达室内设计效果图的方法。

3. 室内设计效果图制作中常见的问题

（1）模型比例、尺寸与实际不符合，整体模型搭配比例不协调等尺寸与比例方面的问题。解决该类问题，需要设计者严格按照 AutoCAD 工程施工图纸尺寸要求进行三维模型的创建，按照物体实际尺寸及比例关系进行模型的创建与编辑。

（2）在画面效果方面，过度追求画面渲染气氛的效果常导致在主观上强化或夸张了灯光、色调、材质等方面的表达，从而造成效果图的画面效果严重脱离场景物理空间工程完工后的真实面貌。解决该类问题，需要绘制效果图的人员本着实事求是的态度，同时对专业工程施工材料的色调、明暗及光照后的物理变化属性有一定的认识，对施工对象的构造特征有一定的认识，并能将它们准确而真实地表达出来。

二、室内设计风格特征

在室内设计的发展进程中，由于各地的区域位置不同，它们的文化特征也各不相同，从而出现了不同风格的装饰设计效果。我们在实际制作过程中，需要根据业主的身份与文化内涵来进行装修风格上的选择。下面对主要的室内设计风格进行简述。

1. 欧式古典风格

欧式古典风格是对欧洲各类风格的总称，在形式上是最显奢华气派的，受到人们的广泛欢迎。欧式古典风格可分为文艺复兴式、巴洛克式、洛可可式等类型。在室内构件元素方面有拱门、柱式、壁炉等；在室内家具元素方面有床、桌、椅等，常以兽腿、花束及螺钿雕刻来装饰；在室内装饰元素方面有墙纸、窗帘（幔）、地毯、灯具、壁画、西洋画等。欧式古典风格在色彩上以红蓝、红绿、粉蓝、粉绿、粉黄为色调关系。欧式古典风格比较注重背景色调，由墙纸、地毯、幔等装饰织物组成的背景色调对控制室内整体效果起了决定性的作用。

2. 中式古典风格

中式古典风格给人以历史延续和地域文脉的感受，在室内布置、线型、色调、家具、陈设的造型等方面，吸取了中国传统美学"形"与"神"的特征，突出了民族文化形象。中式古典风格的室内设计常常吸取我国传统木构架建筑室内的藻井、天棚、挂落、雀替的构成和装饰，以及明朝、清朝的家具造型和款式特征。中式古典风格亲近自然、朴实、亲切、简单，却内藏丰富意蕴，给空间带来了丰富的视觉效果，展现了中国传统艺术的永恒美感。

3. 新中式风格

新中式风格不是纯粹的元素堆砌，而是通过对传统文化的认识，将现代元素和传统元素结合在一起，以现代人的审美需求来打造富有传统韵味的事物，让传统艺术在当今社会得到合适的体现。

4. 地中海风格

地中海周边国家众多，民风各异，但是独特的气候特征还是呈现出一些一致的风格特征——地中海风格。地中海地区的建筑无论是材料还是色彩都与自然相契合。通常，地中海风格的家居会采用白灰泥墙、连续的拱廊与拱门、陶砖、海蓝色的屋瓦和门窗等设计元素。

5. 田园风格

田园风格是以田地和园圃特有的自然特征为形式手段，带有一定程度的农村生活或乡间艺术的特色，表现出自然、闲适内容的作品或流派。田园风格的室内设计通过装饰装修表现出田园的气息。田园风格的特点是朴实、亲切、实在、回归自然、不精雕细刻。

6. 简约风格

简约起源于现代派的极简主义。简约风格就是简单而有品位，这种品位体现在设计细节的把握上，每一个细小的局部和装饰都要深思熟虑，在施工上要求精工细作。

7. 现代风格

现代风格是比较流行的一种风格，追求时尚与潮流，非常注重居室空间的布局与使用功能的完美结合。现代主义也称功能主义，是工业社会的产物，其最早的代表是建于德国魏玛的包豪斯学校。其主题是：要创造一个能使艺术家接受现代生产最省力的环境——机械的环境。这种技术美学的思想是室内装饰中的重大革命。

三、室内设计效果图制作常用软件

在室内设计效果图制作中，一般会使用 AutoCAD、3DS Max、VRay、Photoshop 软件组合制作效果图。下面对各类软件进行简述。

1. AutoCAD

AutoCAD 是 Autodesk 公司于 1982 年开发的自动计算机辅助设计软件，用于二维绘图、详细绘制、设计文档和基本三维设计，现已成为国际上广为流行的绘图工具。AutoCAD 在下述几个方面有广泛的运用。

（1）工程制图：建筑工程、装饰设计、环境艺术设计、水电工程、土木施工等。

（2）工业制图：精密零件、模具、设备等。

（3）服装加工：服装制版。

（4）电子工业：印刷电路板设计。

AutoCAD 广泛应用于土木建筑、装饰装潢、城市规划、园林设计、电子电路、机械设计、服装鞋帽、航空航天、轻工化工等诸多领域。

在环境艺术设计专业效果图制作方面，AutoCAD 绘制的专业工程施工图是效果图制作的基础，一般将 AutoCAD 绘制的专业工程施工图导入到 3DS Max 软件中绘制效果图。

2. 3DS Max

3D Studio Max，常简称为 3DS Max 或 MAX，是 Discreet 公司开发的基于 PC 系统的三维动画渲染和制作软件，其前身是基于 DOS 操作系统的 3D Studio 系列软件。3DS Max 广泛应用于广告、影视、工业设计、建筑设计、三维动画、多媒体制作、游戏、辅助教学及工程可视化等领域。

3DS Max 在环境艺术设计专业领域中，主要运用在专业设计效果图三维模型制作方面；3DS Max+ VRay 渲染器组合，一般是制作环境艺术设计专业效果图的主要软件。

3. VRay

VRay 是由 Chaosgroup 公司和 Asgvis 公司出品的一款高质量渲染软件。VRay 是目前业界最受欢迎的渲染引擎。基于 VRay 内核开发的有 VRay for 3DS Max、Maya、Sketchup、Rhino 等诸多版本，为不同领域的优秀 3D 建模软件提供了高质量的图片和动画渲染。除此之外，VRay 也可以提供单独的渲染程序，方便使用者渲染各种图片。

VRay 渲染器提供了一种特殊的材质——VRayMtl。在场景中使用该材质能够获得更加准确的物理照明（光能分布）、更快的渲染、更便捷的反射和折射参数调节等。使用 VRayMtl 时，可以应用不同的纹理贴图，控制其反射和折射，增加凹凸贴图和置换贴图，强制直接全局照明计算，选择用于材质的 BRDF。

在环境艺术设计专业效果图制作方面，VRay 渲染器是目前比较流行的一种渲染器。

4. Photoshop

Adobe Photoshop，简称"PS"，是由 Adobe 公司开发和发行的图像处理软件。使用 Photoshop 丰富的编辑与绘图工具，可以更有效地进行图片编辑工作。2003 年，Adobe 将 Adobe Photoshop 8 更名为 Adobe Photoshop CS。2013 年，Adobe 公司推出了最新版本的 Photoshop CC。Photoshop 在图像处理、平面设计、包装设计、三维效果图后期处理、插画设计、艺术摄影、网页制作等方面有广泛的运用价值。

在环境艺术设计专业效果图制作方面，Photoshop 软件主要用于渲染后的效果图后期处理，包括色彩、明暗、对比度等的调节和文字、图片内容等方面的编辑。

四、室内设计效果图制作流程

在环境艺术设计专业效果图制作中，通常使用 AutoCAD、3DS Max、VRay、Photoshop 四种软件进行制作。AutoCAD 主要用于绘制工程施工图。工程施工图为效果图制作提供准确的图形尺寸，是效果图制作前期重要的图样资料。3DS Max 主要用于制作效果图的三维模型结构，是效果图制作中的主要软件。VRay 主要用于效果图三维模型的渲染，能够提供接近于真实物理空间的光影和材质的变化效果，是效果图制作中的主要渲染软件。Photoshop 是效果图后期处理的重要软件，主要用于渲染输出图的颜色、明暗和编辑图片内容、文字说明等。下面分阶段说明室内设计效果图的制作流程。

（1）AutoCAD 工程施工图图样资料的准备阶段。

保存 AutoCAD 绘制的室内装饰施工图中的平面布置图、立面图、吊顶图等主要图样，然后将这些图样导入到

3DS Max 软件中，用于后面的三维模型建模制作，如图 1-2 所示。

（2）3DS Max 中的墙体建模、装修建模。

通过导入 AutoCAD 绘制的室内装饰施工图，完成室内效果图中的墙体及装修部分的三维模型制作，例如，根据导入的平面布置图制作三维的单面墙体建模，根据导入的立面图制作墙面的装修建模，根据导入的吊顶图进行吊顶的三维建模制作，如图 1-3 所示。

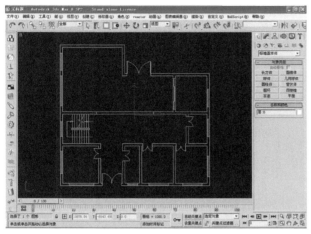

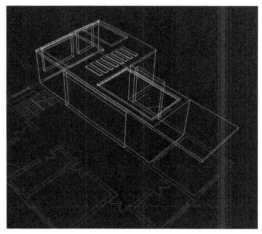

图 1-2　　　　　　　　　　　　　　　　　　图 1-3

（3）3DS Max 中的家电、陈设品等合并建模。

根据 AutoCAD 绘制的室内装饰施工图的图纸要求，可以合并现有的三维家电及陈设品模型（若没有现成的模型可自行设计制作）到场景中，调整位置及大小比例关系，如图 1-4 所示。

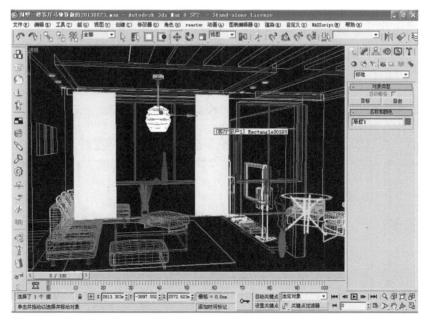

图 1-4

（4）3DS Max 中的摄像机创建、VRay 的初步渲染与灯光测试。

在场景中的最佳角度设置一个或多个摄像机，使其能够真实而完整地反映室内设计的完成效果。VRay 的初步渲染与灯光测试，是用最低渲染设置从而能最快地渲染出场景中物体受到灯光照射后的光影变化效果，并观察其变化是否与真实空间相一致、层次变化是否合理等。在灯光测试前，将场景中全部物体的材质颜色全局替换成类似于白色石膏材质的效果，以便于观察灯光照射后的光影变化关系，如图 1-5 所示。

（5）VRay 的材质贴图编辑。

确定灯光测试后，要进行场景中各项不同类型对象的材质制作。例如，制作大理石、木地板、各色油漆、塑料、不锈钢、铝合金、玻璃、布艺等各类材质效果，如图 1-6 所示。

图 1-5 图 1-6

（6）灯光调整与 VRay 的最终渲染输出。

材质制作完成后，进行最终渲染输出前的灯光调整，进行光子文件的制作；然后将 VRay 渲染器修改成最终渲染输出的参数设置，进行渲染出图，与图 1-6 类似。

（7）利用 Photoshop 进行后期处理制作。

后期处理制作包括对渲染输出图片的颜色、明暗、对比度的调整和图片内容、文字说明等的编辑，以最佳的形式呈现给观者，如图 1-7 所示。

图 1-7

第二章

卧室效果图制作

一、墙体建模

(1) 运行 3DS Max 软件，进行单位设置，显示单位和系统单位都以"毫米"为单位，如图 2-1 所示。

图 2-1

(2) 将 AutoCAD 平面图导入到 3DS Max 软件中，如图 2-2 所示。

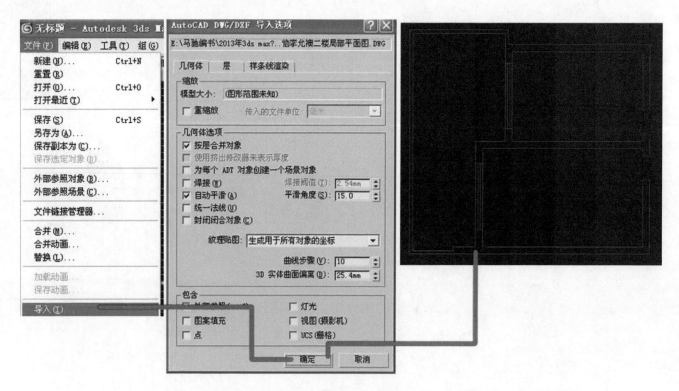

图 2-2

(3) 设置顶点捕捉，沿内墙角点及门窗洞点绘制闭合线，如图 2-3 所示。

(4) 在修改器列表中对闭合图形运用"挤出"及"法线"命令，如图 2-4 所示。

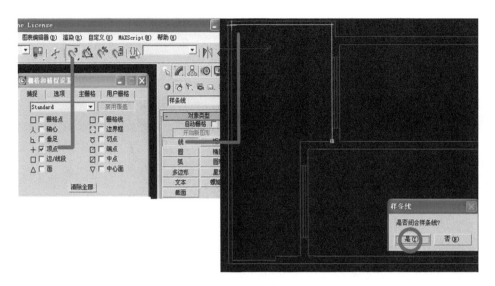

图 2-3

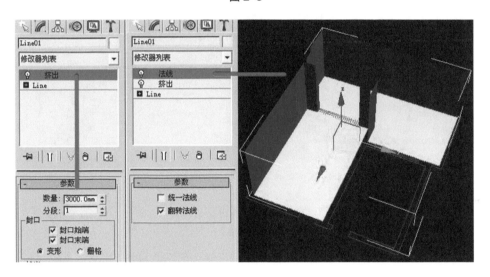

图 2-4

（5）按 F3 键以线框显示透视图。

（6）在编辑器列表中选择"编辑多边形"下面的"边"，对卧室阳台门洞左侧墙面进行编辑，如图 2-5 所示。

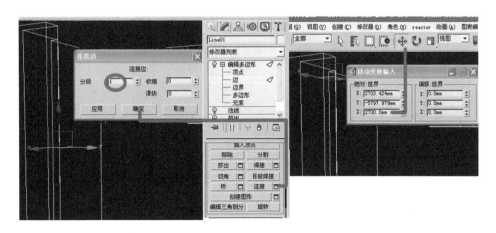

图 2-5

（7）按第（6）步的方法，对卧室阳台门洞右侧墙面进行同样的编辑。

（8）选择"编辑多边形"下面的"多边形"，同时选中两个小矩形面，使用"桥"命令，连接两个小矩形面，如图 2-6 所示。

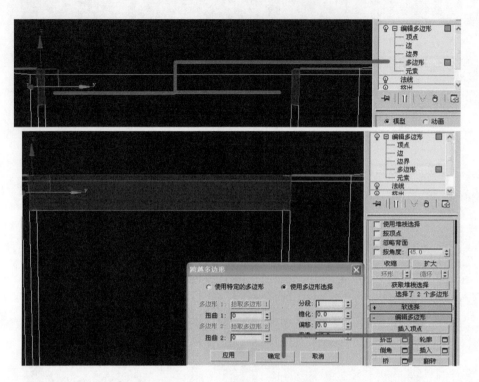

图 2-6

（9）下面对阳台窗洞进行创建。

①选择"编辑多边形"下面的"边"，选中阳台四条边，如图 2-7 所示。

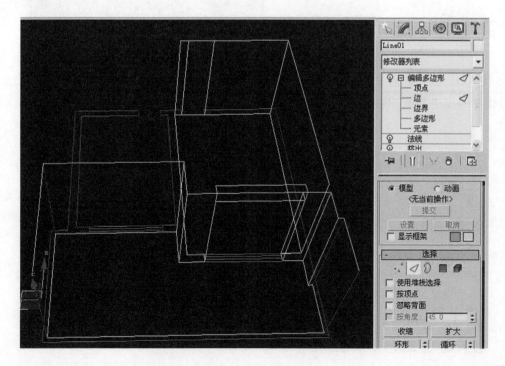

图 2-7

②对选中的四条边进行连接，如图 2-8 所示。

③选中上面一排三条线，设定线高，如图 2-9 所示。

④下面一排三条线的高都设为 1000 mm。

⑤选中"编辑多边形"下面的"多边形"，选中刚才分割的阳台窗洞，进行"挤出"操作，如图 2-10 所示。

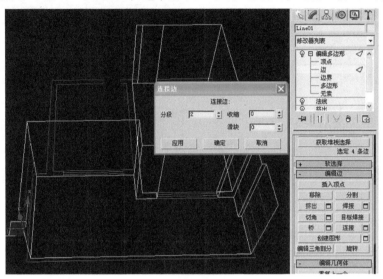

图 2-8

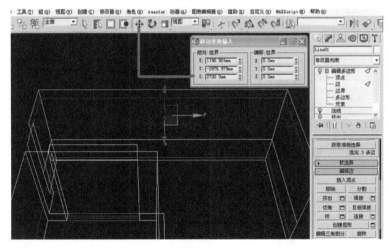

图 2-9

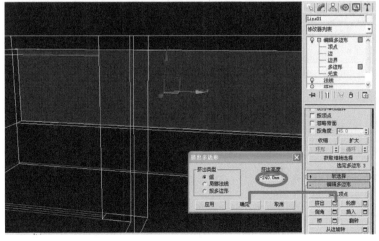

图 2-10

⑥分别选中阳台左右两侧窗洞块面进行"挤出"操作，如图 2-11 所示。

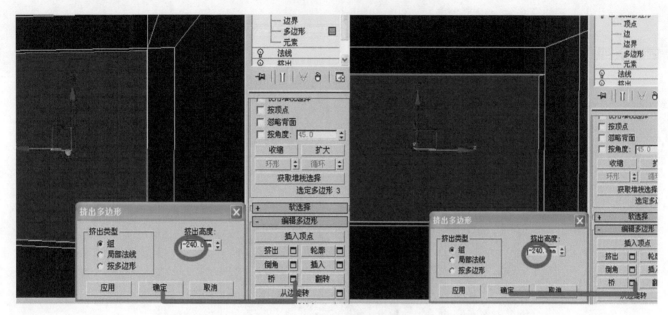

图 2-11

（10）下面制作进入卧室的门洞模型。

①选择"编辑多边形"下面的"边"，选中门洞两侧边，进行连接，设定分段数为"1"，然后定义分段线的高度，如图 2-12 所示。

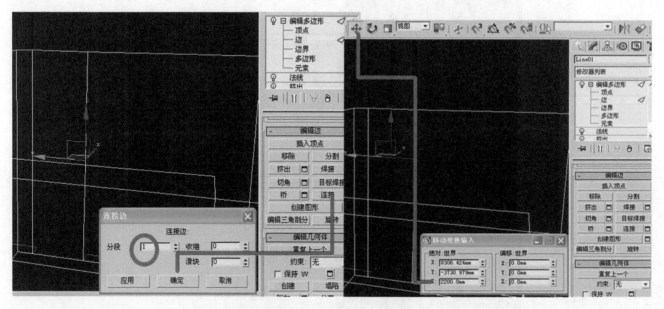

图 2-12

②选择"编辑多边形"下面的"多边形"，选中门洞块面，进行"挤出"操作，如图 2-13 所示。

（11）下面对卧室空间块面进行分离及设定名称处理，以方便后面的编辑操作。

①选中刚才挤出的卧室门块面，进行"分离"操作，在"分离为"文本框中输入"卧室门"，如图 2-14 所示。

②选中卧室顶棚块面，进行"分离"操作，如图 2-15 所示。

③选中卧室地面块面，进行"分离"操作，如图 2-16 所示。

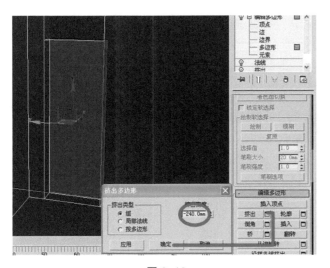

图 2-13

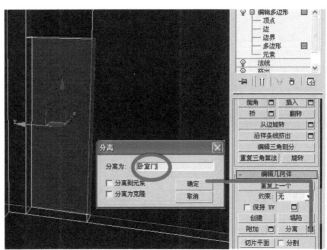

图 2-14

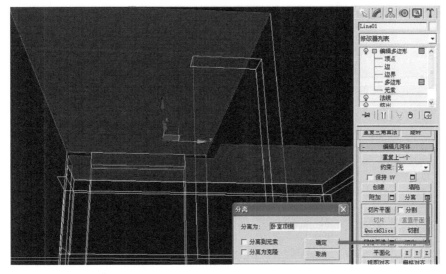

图 2-15

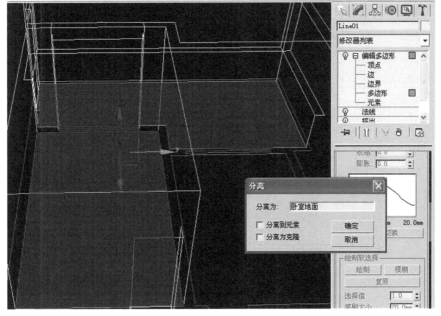

图 2-16

④修改"Line01"为墙体名称，选中 AutoCAD 导入的图形，进行隐藏操作，如图 2-17 所示。

⑤单击按名称选择按钮，可见场景中物体名称如图 2-18 所示。结束卧室墙体部分建模。

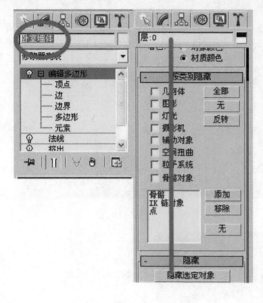

图 2-17

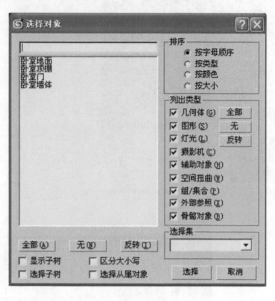

图 2-18

二、空间装修建模

（1）吊顶建模部分。

（2）在顶视图上创建矩形，然后选择"编辑样条线"，进行"轮廓"偏移处理，最后进行"挤出"操作，具体尺寸及过程如图 2-19 所示。

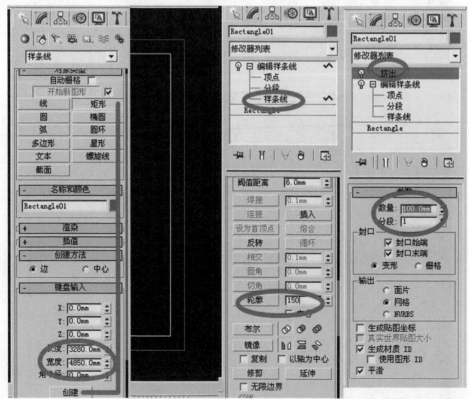

图 2-19

（3）设置"顶点捕捉"，在顶视图中沿内框小矩形顶点进行捕捉，绘制矩形，如图 2-20 所示。

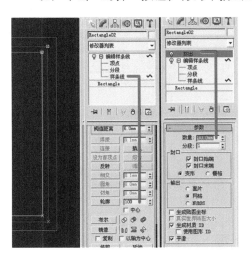

图 2-20

（4）对刚绘制的小矩形进行"偏移"和"挤出"操作，如图 2-21 所示。

（5）单击"对齐"按钮，将两个挤出的物体进行对齐处理，如图 2-22 所示。

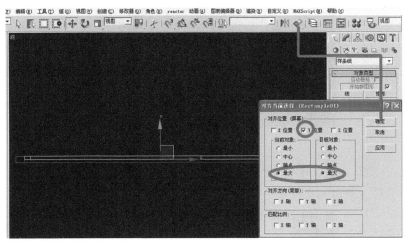

图 2-21   图 2-22

（6）将两个挤出的物体同时选中，定义组名为"卧室吊顶"的组，如图 2-23 所示。

图 2-23

(7) 运用"顶点捕捉"组合吊顶到顶棚处,设置沿 x 轴向右移动,如图 2-24 所示。

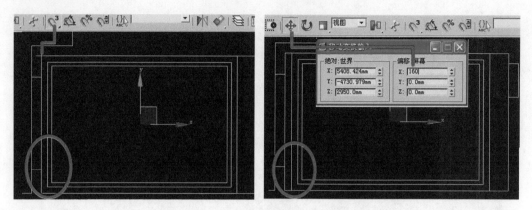

图 2-24

(8) 下面制作卧室踢脚线模型。

①运用顶点捕捉在卧室顶视图中绘制两条开放的线,然后进行"附加"操作,如图 2-25 所示。

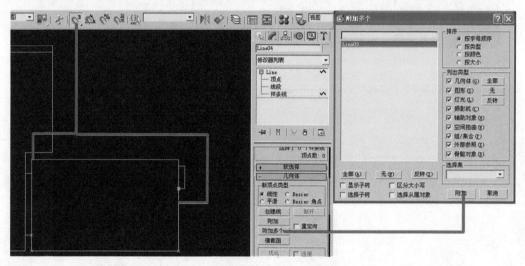

图 2-25

②对附加后的两条开放的线,进行"轮廓偏移""挤出""移动位置""修改名称"等操作,完成卧室踢脚线建模,如图 2-26 所示。

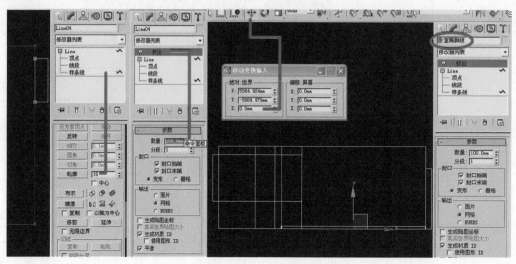

图 2-26

（9）下面制作阳台窗框及玻璃模型。

①运用顶点捕捉沿阳台窗洞创建开放线，然后分别设置轮廓偏移、挤出、高度位置等参数，如图 2-27 所示。

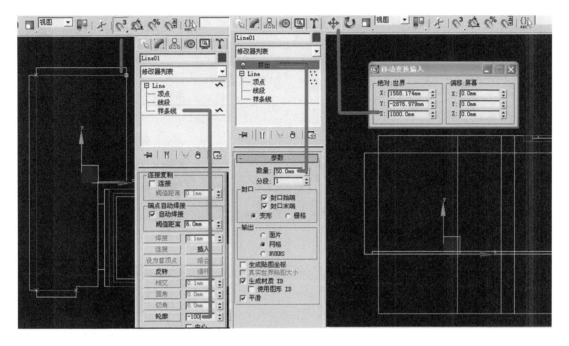

图 2-27

②选中刚才创建的"Line02"，进行克隆（复制），在"克隆选项"对话框中选择"实例"，单击"确定"按钮。然后设定高度位置为"2650 mm"，如图 2-28 所示。

③在阳台顶视图拐角处创建长方体，设定高度位置，如图 2-29 所示。

图 2-28

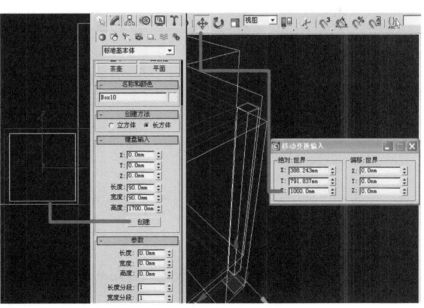

图 2-29

④对长方体进行"阵列"运算，如图 2-30 所示。

⑤继续进行"阵列"运算，复制一列竖向长方体，如图 2-31 所示。

⑥继续进行"阵列"运算，复制一排横向长方体，如图 2-32 所示。

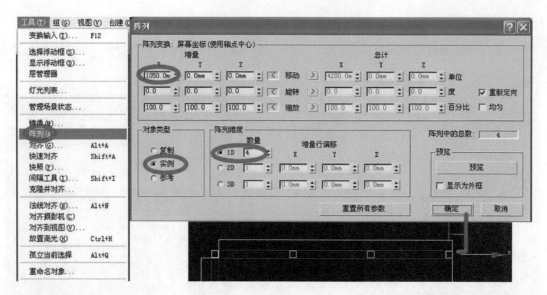

图 2-30

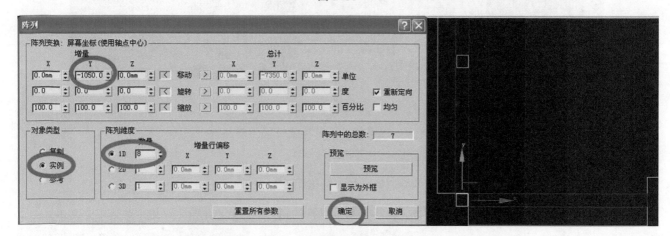

图 2-31

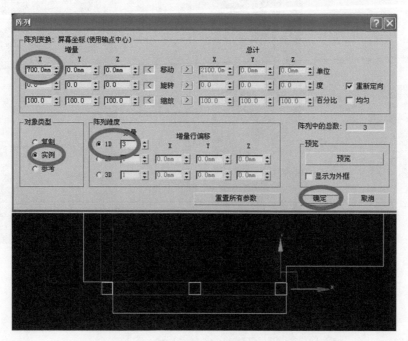

图 2-32

⑦在"选择对象"对话框中选中刚才创建的窗框物体，定义为"组"，如图2-33所示。

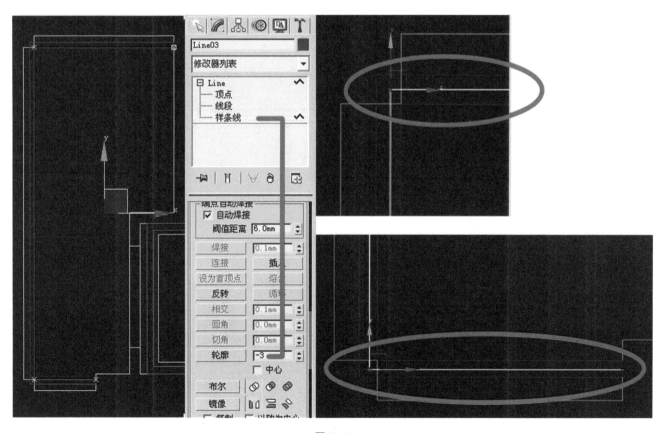

图 2-33

⑧制作阳台窗户玻璃。运用顶点捕捉在阳台窗洞处画开放线，然后设置"轮廓偏移"，通过移动节点将玻璃线型放置在窗框中间，如图2-34所示。

对轮廓偏移后的线型进行"挤出"操作，设置高度位置，修改名称，完成阳台窗户玻璃的创建，如图2-35所示。

图 2-34

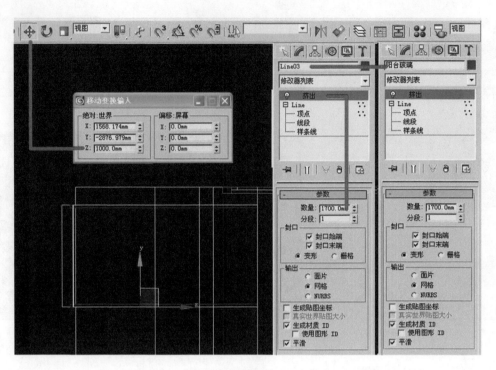

图 2-35

三、家电及陈设品合并

（1）合并窗帘。选择"文件"→"合并"命令，在弹出的"合并文件"对话框中选中"窗帘"进行合并，调整位置到阳台门洞处，如图 2-36 所示。

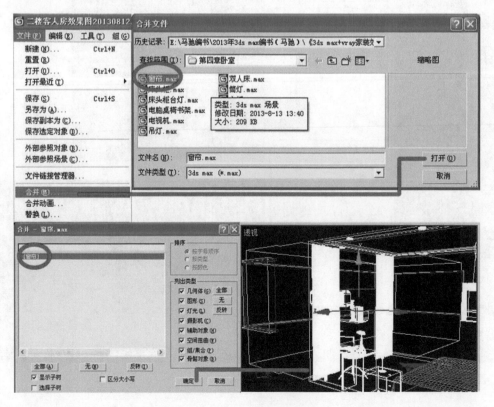

图 2-36

（2）合并床、床头柜、灯。运用第（1）步的方法，将床、床头柜、灯三种物体分别合并到场景中，并移动、调整其位置，如图 2-37 所示。

（3）合并电脑桌。运用同样的方法将电脑桌合并，调整其位置如图 2-38 所示。

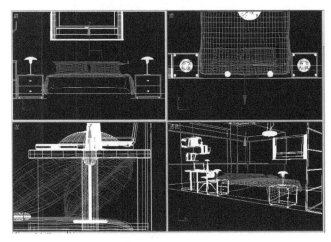

图 2-37

图 2-38

（4）合并电视机。运用同样的方法将电视机合并，调整其位置如图 2-39 所示。

（5）合并吊灯、筒灯。运用同样的方法将吊灯、筒灯合并，调整其位置如 2-40 所示。

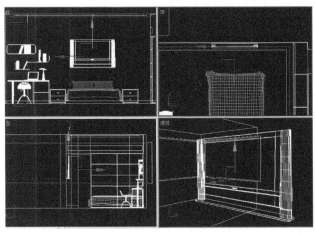

图 2-39

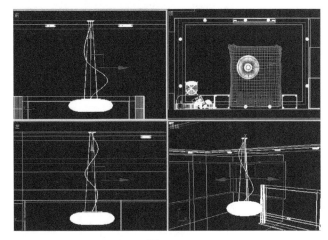

图 2-40

（6）合并阳台桌椅。运用同样的方法将阳台桌椅合并，调整其位置如图 2-41 所示。

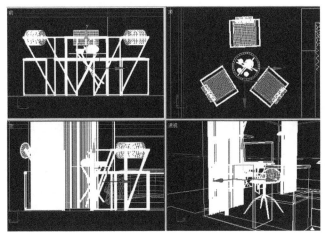

图 2-41

（7）合并衣柜及上通风设施。运用同样的方法将衣柜及上通风设施合并，调整位置如图 2-42 所示。

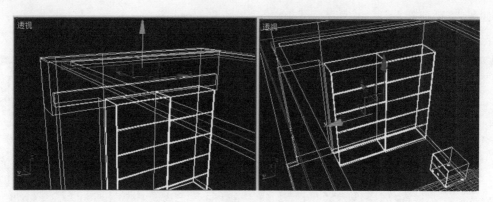

图 2-42

（8）合并床头挂画。运用同样的方法将床头挂画合并，调整位置如图 2-43 所示。

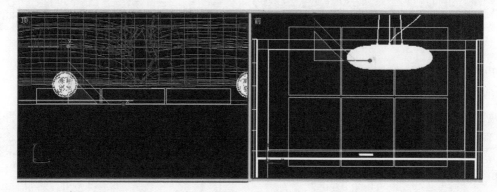

图 2-43

四、相机创建与编辑

（1）单击创建面板中的"相机"按钮，在顶视图中创建"目标"相机，如图 2-44 所示。

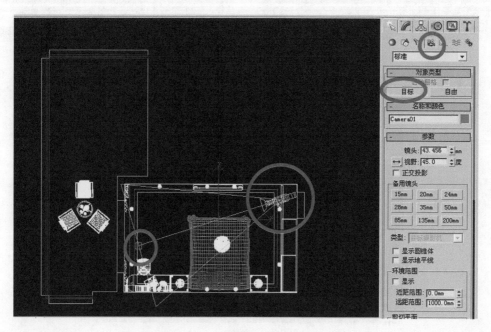

图 2-44

（2）将光标放置在透视图的文字上，右击选择视图下"Camera01"，然后单击场景右下角的"移动"图标，拖动"Camera01"视图向下移动并调整视高，如图 2-45 所示。

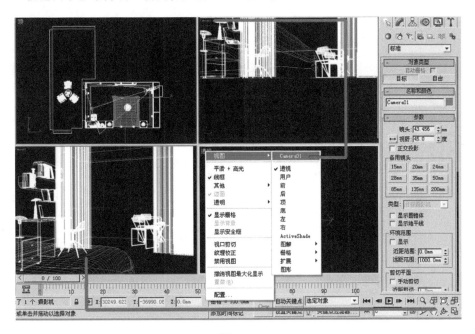

图 2-45

（3）调整"Camera01"。可以通过移动"Camera01"及修改镜头参数调整相机的观看范围，具体参数及效果如图 2-46 所示。

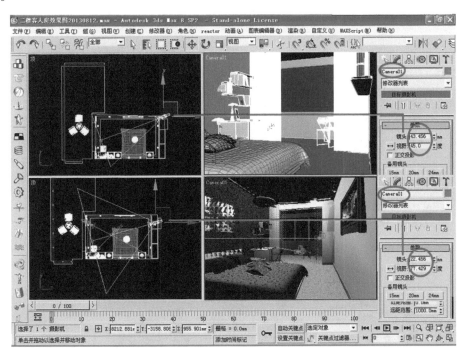

图 2-46

（4）运用第（1）步的方法，在场景中另外创建两个不同角度及观看范围的"Camera02"和"Camera03"，效果如图 2-47 所示，完成相机部分的创建和编辑。

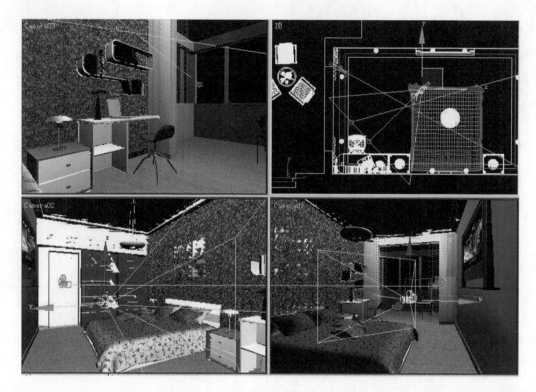

图 2-47

五、灯光测试与渲染初步设置

（1）创建室内主灯光。单击创建面板中的"VRayLight"，在顶视图中卧室内部创建一个带箭头的矩形灯光"VRayLight 01"，如图 2-48 所示。

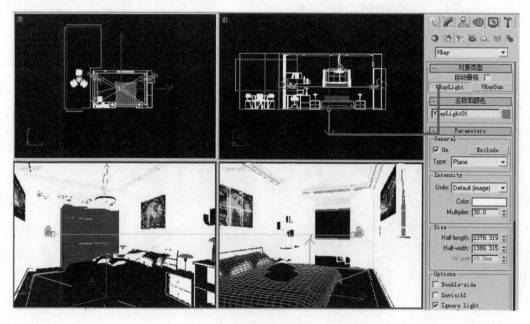

图 2-48

（2）调整"VRayLight 01"灯光。对刚创建的灯光的位置、强度、不可见等参数进行调整，如图 2-49 所示。

（3）创建室外太阳光。单击"VRaySun"按钮，在顶视图中拖动创建，在弹出的是否添加环境贴图的提示框中选择"否"，然后调整太阳光的位置及强度，如图 2-50 所示。

（4）下面进行 VRay 渲染初步设置，进行灯光测试。

①按 F10 键调出渲染器面板，更改渲染器及材质面板为 V-Ray 面板，如图 2-51 所示。

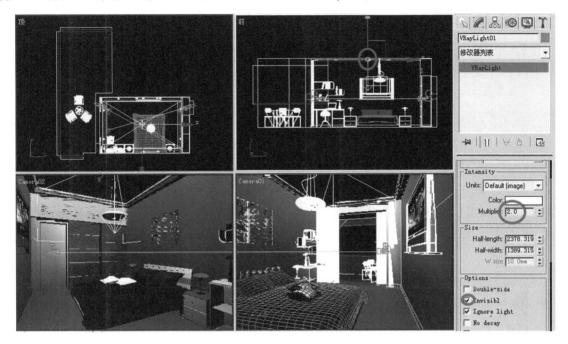

图 2-49

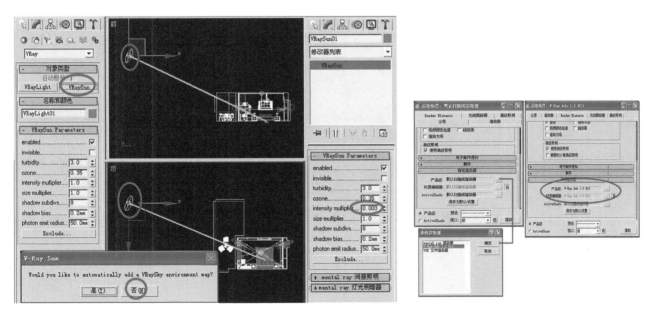

图 2-50　　　　　　　　　　　　　　　　　图 2-51

②在 V-Ray 渲染器面板中分别设置渲染尺寸及全局替换，如图 2-52 所示。

③设置图像采样抗锯齿为"Fixed"（固定比例），间接光照的一级反弹的 GI 引擎为"Irradiance map"（发光贴图），间接光照的二级反弹的 GI 引擎为"Light cache"（灯光缓存），如图 2-53 所示。

④分别在发光贴图、灯光缓存、环境中设置参数，如图 2-54 所示。

⑤保存在 V-Ray 渲染器中初步设置的各项参数以便今后直接调用，如图 2-55 所示。

⑥按 M 键，调出材质编辑器，单击"Standard"按钮，弹出"材质 / 贴图浏览器"对话框，选择"VRayMtl"

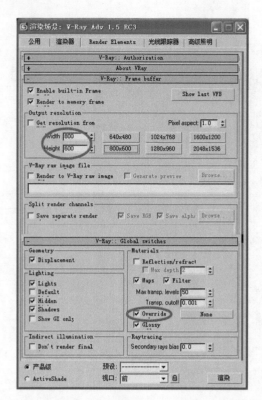

图 2-52

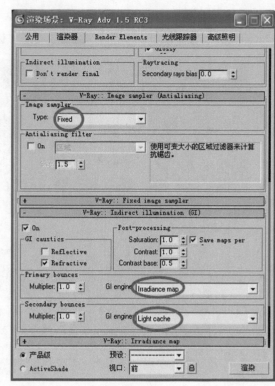

图 2-53

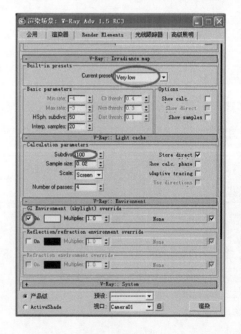

图 2-54

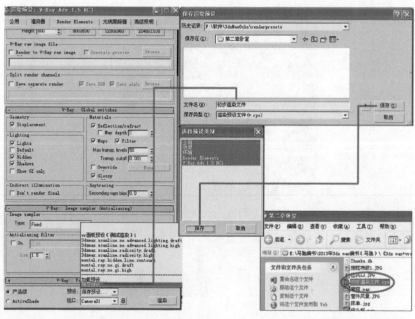

图 2-55

选项，更改成"VRay 材质编辑器"，设置表面的颜色，如图 2-56 所示。

⑦单击材质编辑器左上角的材质球，将其拖动到渲染器面板中的"全局替换"按钮上，在调出的"实例（副本）材质"对话框中选择"实例"选项，如图 2-57 所示。

⑧隐藏阳台窗框及玻璃，单击 V-Ray 渲染器面板中的"渲染"按钮，渲染 Camera01 视图，观察渲染后的灯光层次变化，若不满意可对灯光参数进行调整，如图 2-58 所示，完成灯光测试。

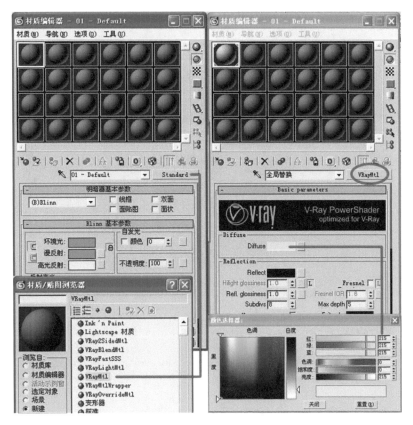

图 2-56

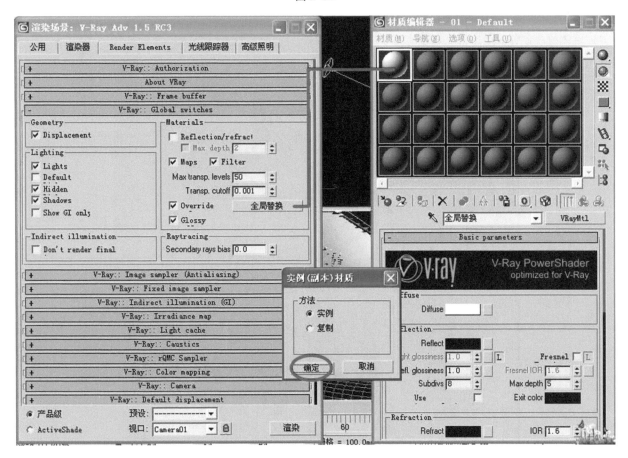

图 2-57

图 2-58

六、材质贴图制作

（1）墙体材质制作。单击材质编辑器面板中的材质球，选择材质类型为"多维/子对象"，如图 2-59 所示。

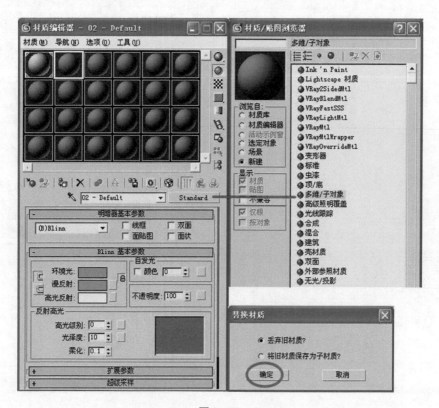

图 2-59

（2）设置材质数量，修改各材质名称，如图 2-60 所示。

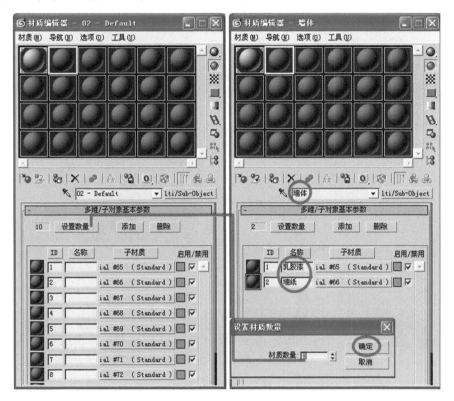

图 2-60

（3）单击乳胶漆右侧标准材质按钮进入下一层标准材质，在下一层标准材质中修改材质类型为 VRayMtl，如图 2-61 所示。

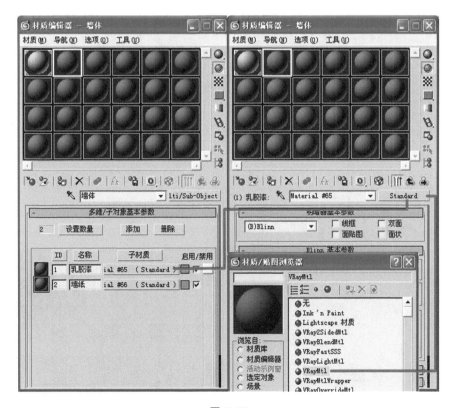

图 2-61

（4）分别设置乳胶漆颜色、反射强度，如图 2-62 所示。

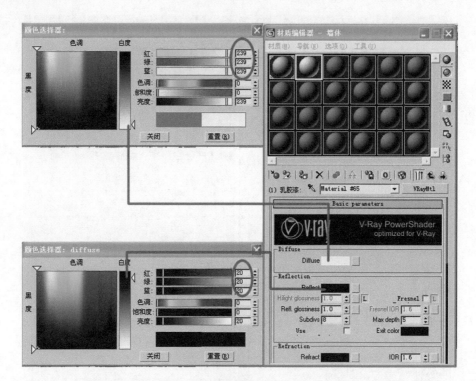

图 2-62

（5）更改为 ID 号为 2 的墙纸材质为 VRay 材质，添加墙纸材质贴图，如图 2-63 所示。

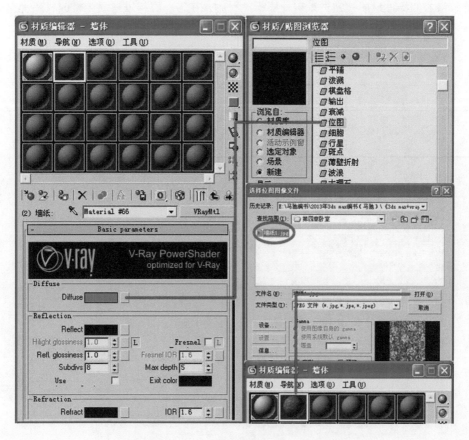

图 2-63

（6）选中墙体，按 Alt+Q 快捷键，将选中物体孤立显示，选中多边形次对象，单击左侧墙面，设置 ID 号为 "2"，保证此处的 ID 号与材质编辑器上的墙纸 ID 号一致，如图 2-64 所示。

图 2-64

（7）选中 ID 号为 2 之外的全部墙体，设置 ID 号为 "1"，保证此处 ID 号与材质编辑器上乳胶漆的 ID 号一致，如图 2-65 所示。

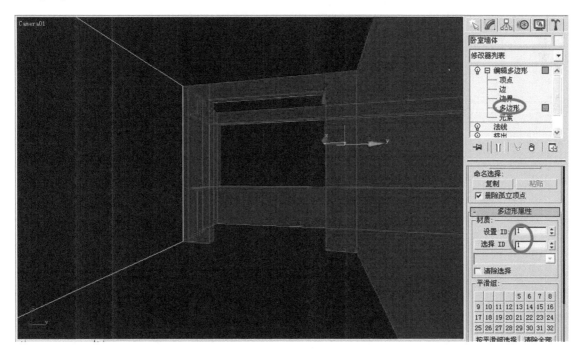

图 2-65

（8）将墙体材质赋予选中的墙体，渲染并观看效果，如图 2-66 所示，墙纸需要调整。

（9）调整墙纸材质的平铺次数，渲染后的效果如图 2-67 所示。

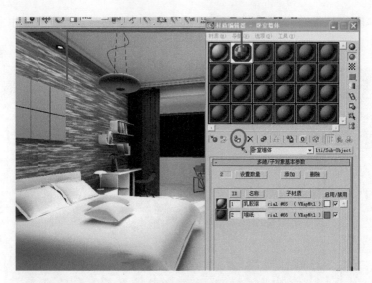

图 2-66

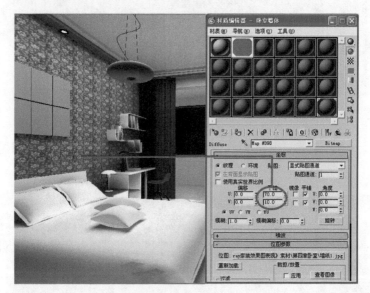

图 2-67

（10）保存墙体材质，以便后面使用，如图 2-68 所示。

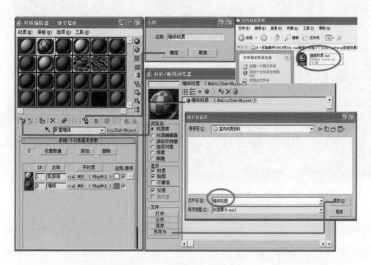

图 2-68

（11）下面制作地板材质。单击材质编辑器中的第3个材质球，修改材质名称为"地板"，单击"Diffuse"后面的按钮，选择"位图"，在弹出的对话框中选择"地板.jpg"，最后单击"打开"按钮，如图2-69所示。

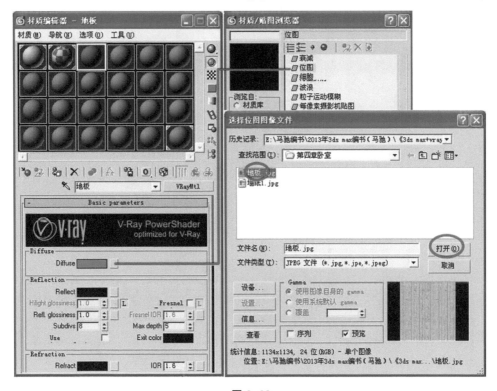

图 2-69

（12）设置地板反射强度，添加并设置贴图坐标，将地板材质赋予选中的地板物体，渲染并观看效果，如图2-70所示。

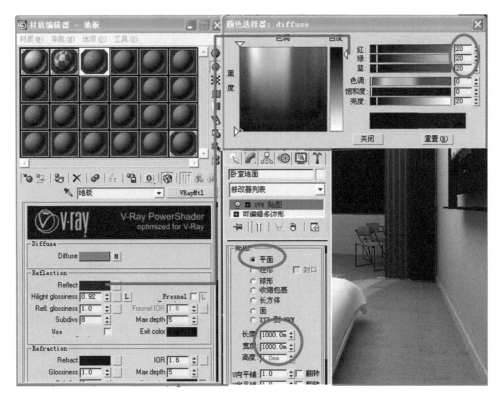

图 2-70

（13）在材质编辑器面板中保存地板材质，以便今后使用，如图 2-71 所示。

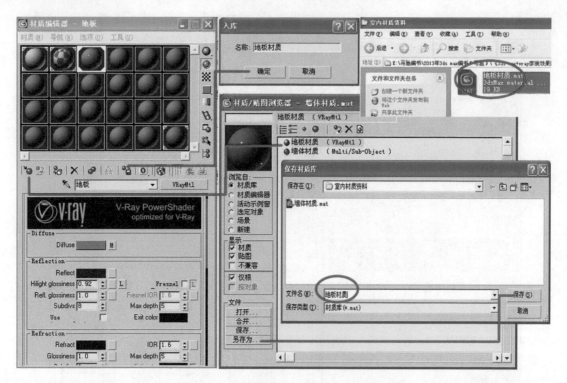

图 2-71

（14）制作白色顶棚吊顶材质。选中材质编辑器面板中的第 4 个材质球，设置各项参数如图 2-72 所示。

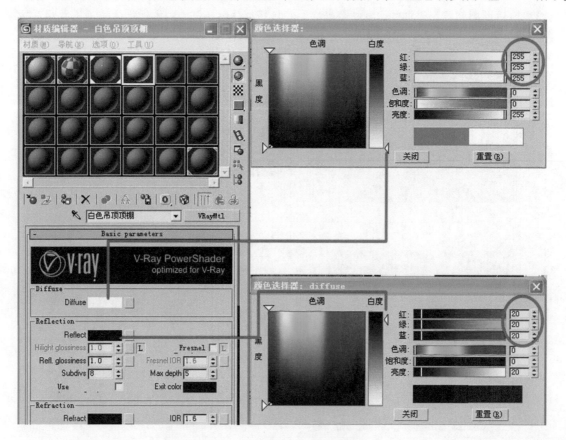

图 2-72

（15）运用第（13）步的方法，保存"白色吊顶顶棚"材质，以便今后直接调用。

（16）选中顶棚和吊顶，将设置好的材质赋予选定的物体，如图2-73所示。

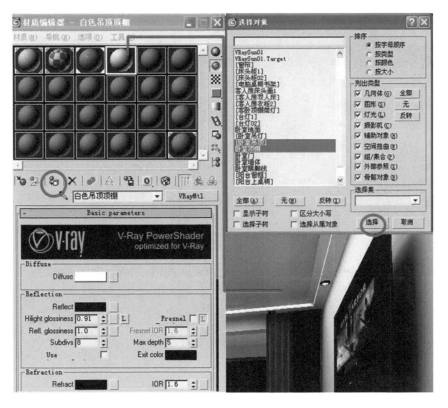

图 2-73

（17）下面制作床材质。选中床模型，单击组菜单，选择"打开"命令，将组打开。

（18）选择"床单.jpg"，在材质编辑器面板中设置各项参数如图2-74所示。

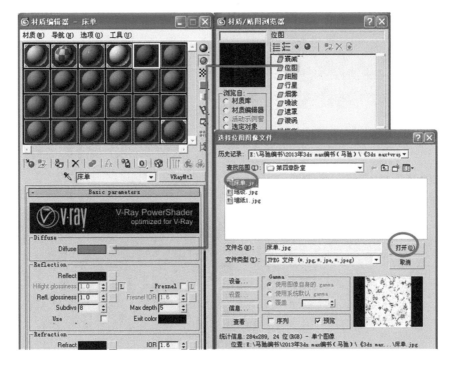

图 2-74

（19）将设置好的床单材质赋予选中的床单物体，如图 2-75 所示。保存该材质以便今后直接使用。

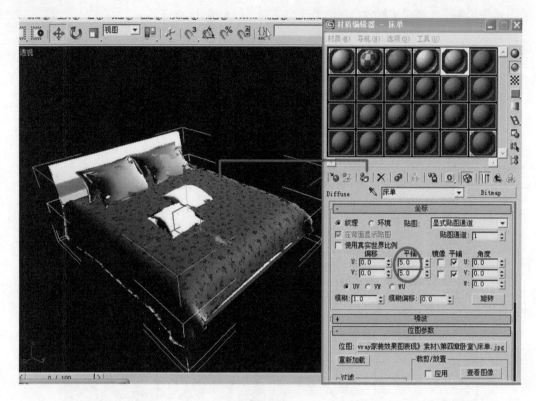

图 2-75

（20）设置床头抱枕材质贴图如图 2-76 所示，床上其他部分材质可用同样的方法制作并保存。

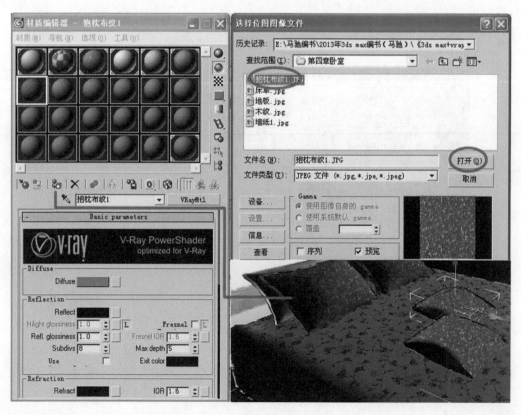

图 2-76

（21）制作半透明窗帘材质。设置材质编辑器面板中的各项参数如图 2-77 所示，保存该材质。

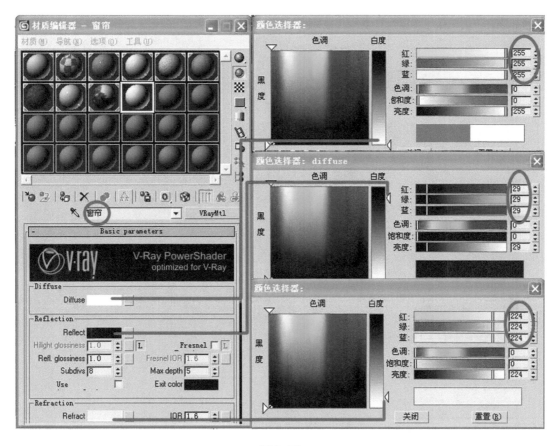

图 2-77

（22）勾选渲染器面板中的反射 / 折射选项，渲染场景如图 2-78 所示。

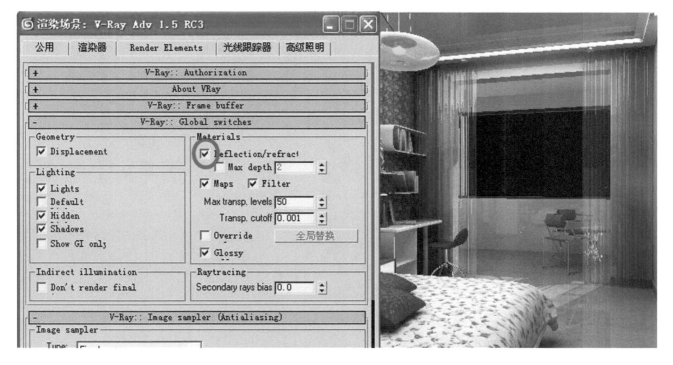

图 2-78

（23）制作不锈钢材质。设置材质编辑器面板中的反射参数，并赋予材质到椅腿，渲染并观看效果，如图2-79所示。保存不锈钢材质，以便今后直接使用。

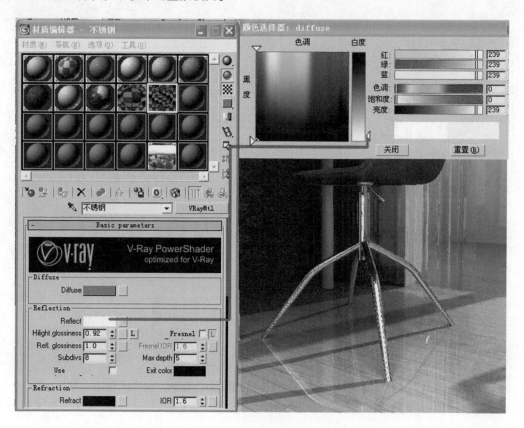

图 2-79

（24）下面制作窗外风景。选择"渲染"→"环境"命令，在"环境和效果"对话框中单击"环境贴图"下方的按钮，选择"窗外风景.JPG"，将外部贴图文件调入场景环境中，如图2-80所示。

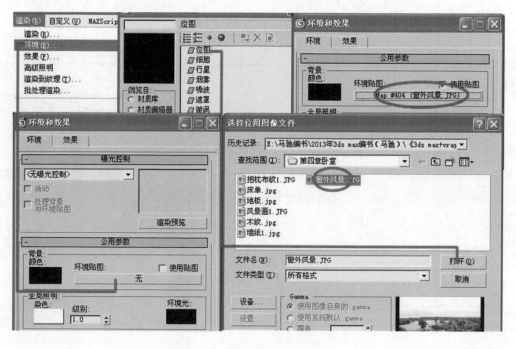

图 2-80

（25）将"环境和效果"对话框中的环境贴图拖动到材质编辑器右下角的材质球上，选择"实例"关系，渲染场景，效果如图 2-81 所示。

图 2-81

（26）在材质编辑器面板中调整贴图的水平和垂直方向的位置，改变窗外贴图效果，如图 2-82 所示。

（27）由于篇幅限制，场景中没有讲到的材质，读者可按照上述方法自行制作。

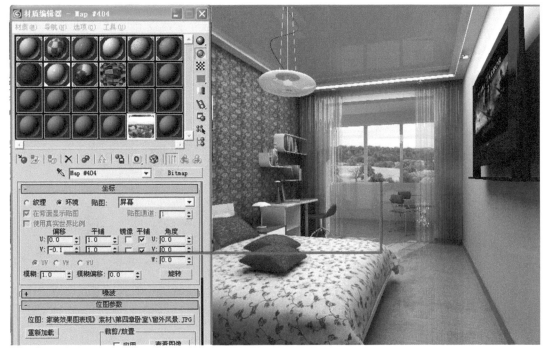

图 2-82

七、渲染输出和后期处理

（1）读者可根据自己对卧室的感觉，调整前面创建的 VRay 主灯光及 VRaySun 的强度，实现场景渲染后的效果变化。

（2）添加射灯。单击"目标聚光灯"，在左视图中拖动鼠标创建，复制灯光，调整参数，渲染效果如图 2-83所示。

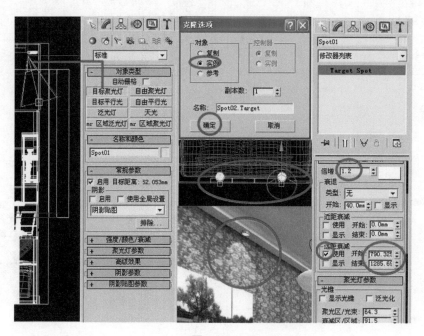

图 2-83

（3）对场景进行渲染，对颜色及明暗不满意的地方可通过灯光、材质编辑器、渲染器面板进行调整，如图 2-84 所示。

图 2-84

（4）初步渲染的效果满意后，制作"发光贴图光子文件"，如图 2-85 所示。

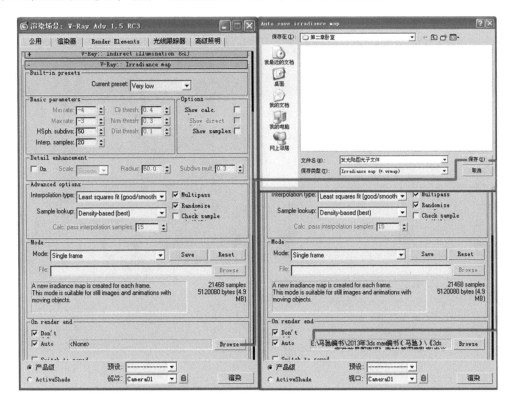

图 2-85

（5）制作"灯光缓存光子文件"，如图 2-86 所示。

（6）光子文件设置好后，按照初步渲染的设置渲染场景，完成光子文件的制作。

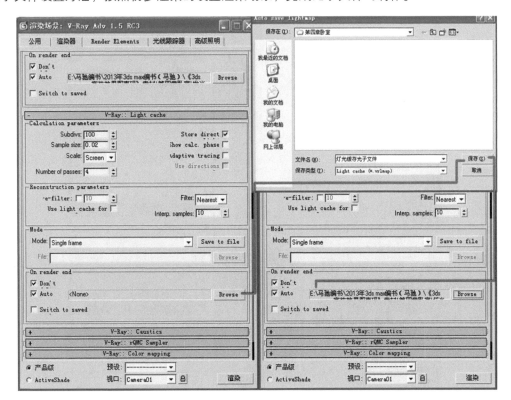

图 2-86

（7）下面进行渲染输出前的设置。取消抗锯齿设置，增大场景渲染尺寸，如图 2-87 所示。

（8）渲染完成后，单击"保存"按钮，保存本次渲染输出的文件为"卧室效果图"，如图 2-88 所示。

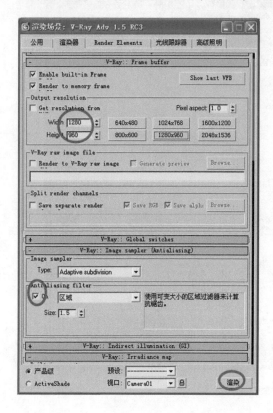

图 2-87

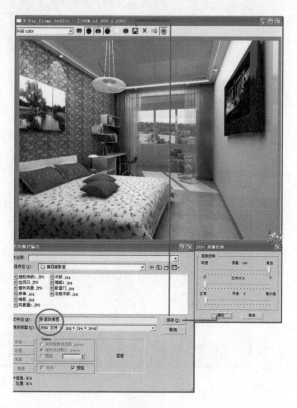

图 2-88

（9）后期处理。运用 Photoshop 软件中的"曲线"命令对图像颜色、明暗进行处理。图像效果前后变化如图 2-89 所示。

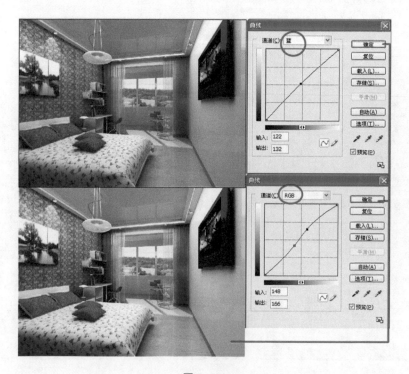

图 2-89

（10）扩大画面如图 2-90 所示。

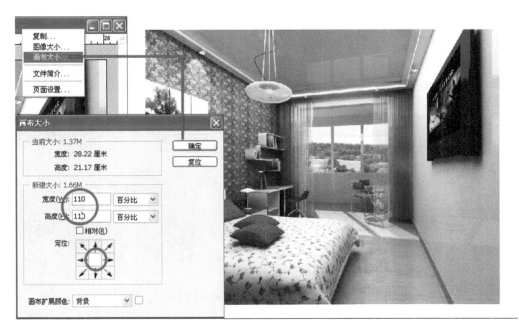

图 2-90

（11）添加边框，如图 2-91 所示。

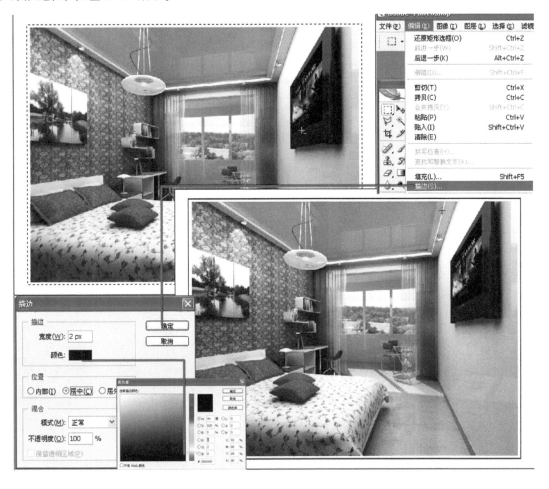

图 2-91

（12）添加文字，结束后期处理，如图 2-92 所示。

图 2-92

第三章

厨房效果图制作

一、墙体建模

（1）打开 3DS Max 软件，设置显示单位和系统单位为"毫米"，如图 3-1 所示。

图 3-1

（2）将 AutoCAD 平面图导入到 3DS Max 软件中，如图 3-2 所示。

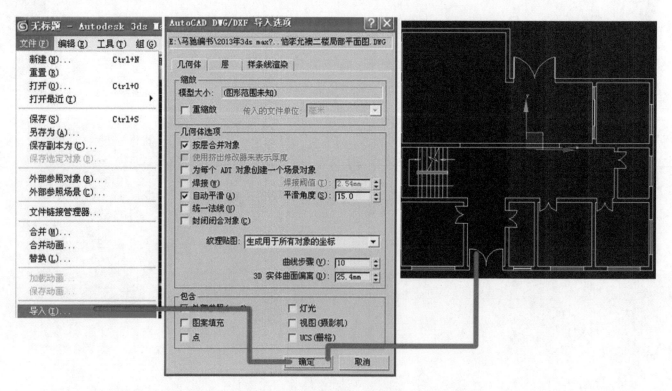

图 3-2

（3）设置顶点捕捉，沿内墙角点及门窗洞点绘制闭合线，如图 3-3 所示。

（4）在修改器列表中对闭合图形运用"挤出""法线"命令，如图 3-4 所示。

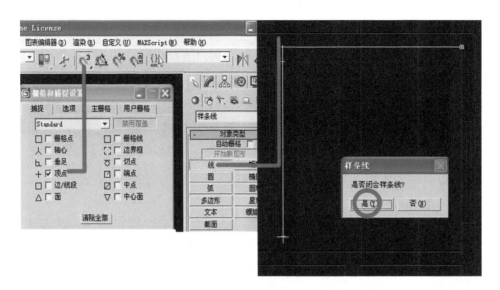

图 3-3

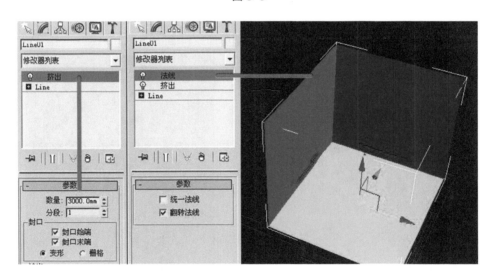

图 3-4

(5) 按 F3 键以线框显示透视图。

(6) 在编辑器列表中选择"编辑多边形"下面的"边",对厨房窗洞墙面线进行编辑,如图 3-5 所示。

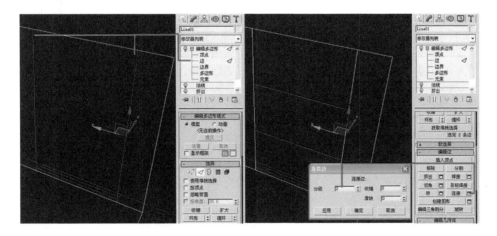

图 3-5

（7）分别通过数值输入调整窗洞上下两线的高度，如图 3-6 所示。

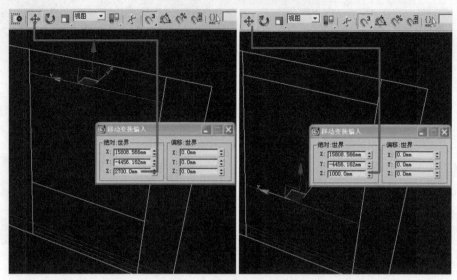

图 3-6

（8）选择窗洞块面，挤出墙体厚度，然后删除选中窗洞块面，如图 3-7 所示。

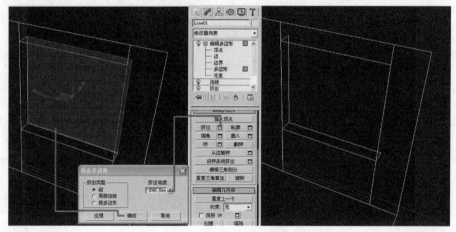

图 3-7

（9）选择门洞墙面上的两条线，然后运用"连接"命令，设置分段为"1"，如图 3-8 所示。

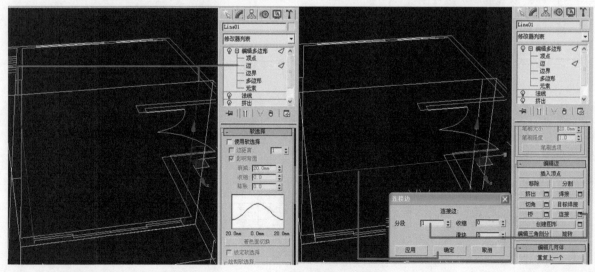

图 3-8

（10）选择连接后的线，确定高度；选择门洞块面，挤出墙体厚度，然后删除块面，如图 3-9 所示。

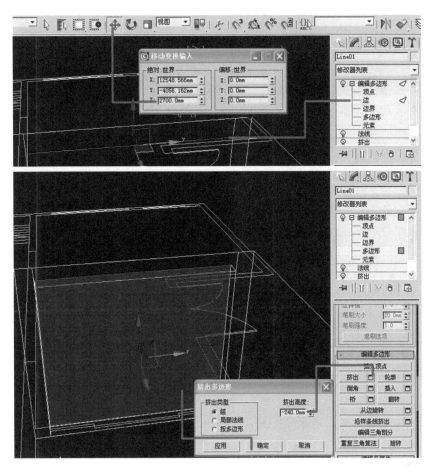

图 3-9

（11）选择地面，然后分离，设置名称为"厨房地面"，如图 3-10 所示。

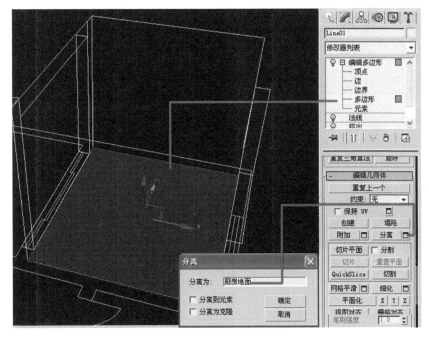

图 3-10

（12）选择顶面，然后分离，设置名称为"顶棚"，如图 3-11 所示。

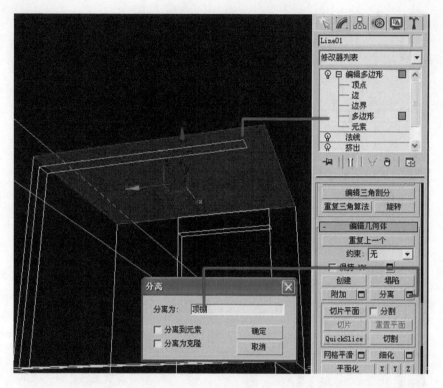

图 3-11

（13）选择墙体，在修改命令面板中修改名称为"墙体"；调出按名称选择对话框，查看场景中的物体，结束墙体建模部分内容，如图 3-12 所示。

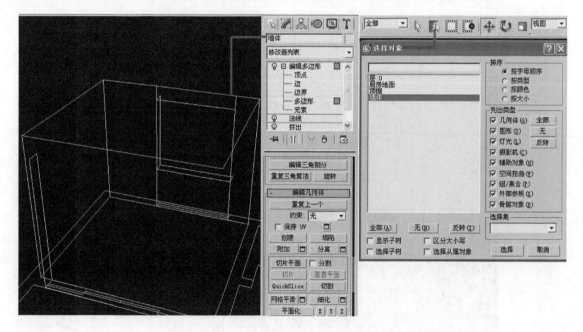

图 3-12

二、空间装修建模

（1）吊顶制作。设置顶点捕捉，运用矩形工具通过顶点捕捉在顶视图厨房部分绘制矩形，如图 3-13 所示。

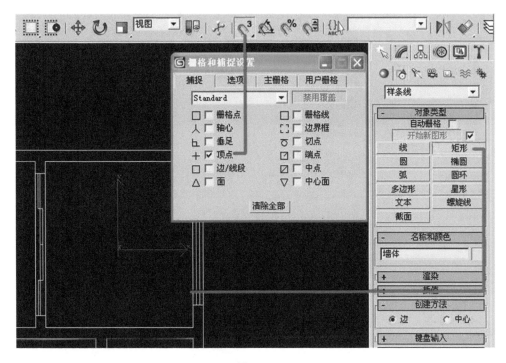

图 3-13

（2）修改矩形名称为"厨房扣板"，挤出扣板厚度，设定高度位置，如图 3-14 所示。

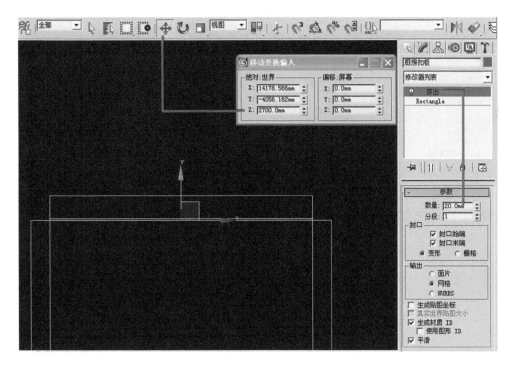

图 3-14

三、家电及陈设品合并

（1）合并橱柜模型，并调整到厨房的合适位置，如图 3-15 所示。

（2）合并冰箱模型，并调整到厨房的合适位置，如图 3-16 所示。

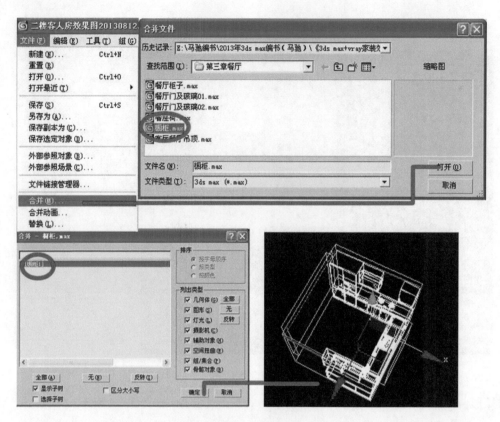

图 3-15

图 3-16

（3）合并厨房抽风机模型，并调整到厨房的合适位置，如图 3-17 所示。

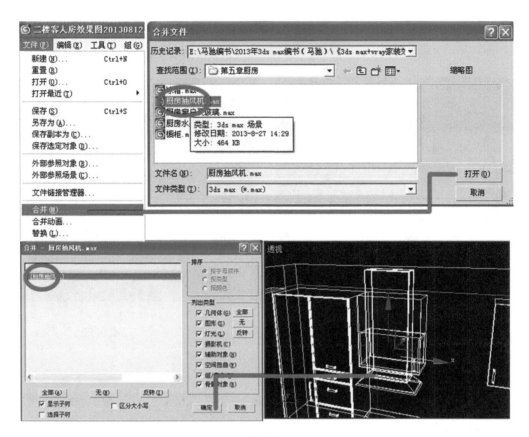

图 3-17

（4）合并厨房窗户及玻璃模型，并调整到厨房的合适位置，如图 3-18 所示。

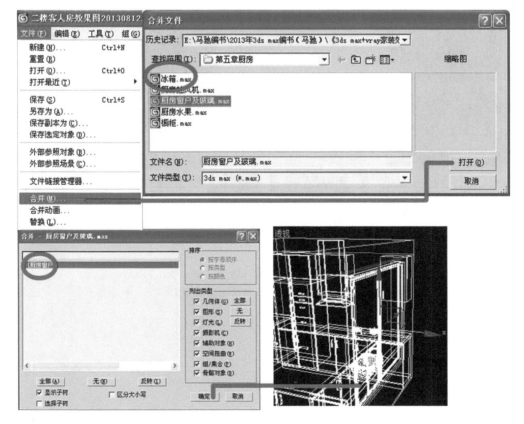

图 3-18

（5）运用上述同样的方法合并水果模型，并调整到厨房的合适位置，如图 3-19 所示。

（6）合并水壶、酒瓶、盘子模型，并调整到厨房的合适位置，如图 3-20 所示。

图 3-19   图 3-20

（7）合并筒灯，复制两排，如图 3-21 所示。

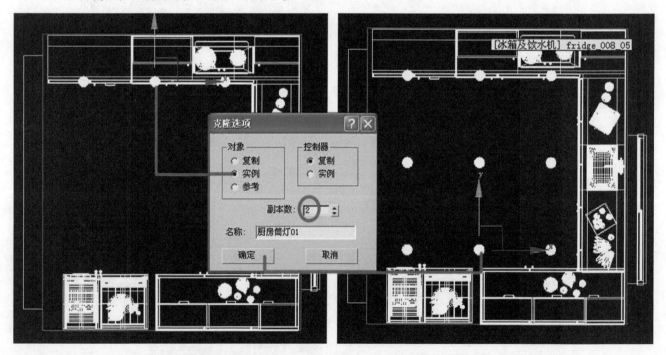

图 3-21

（8）选中三排筒灯组，建立厨房筒灯大组，如图 3-22 所示。

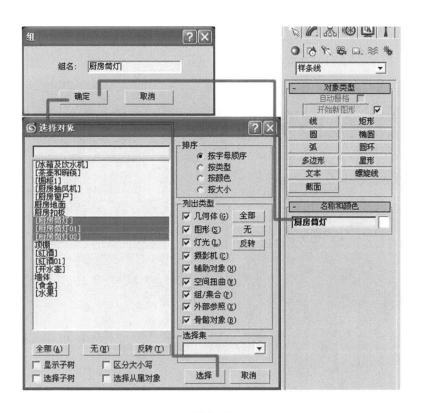

图 3-22

四、相机创建与编辑

（1）在顶视图中创建目标摄像机，如图 3-23 所示。

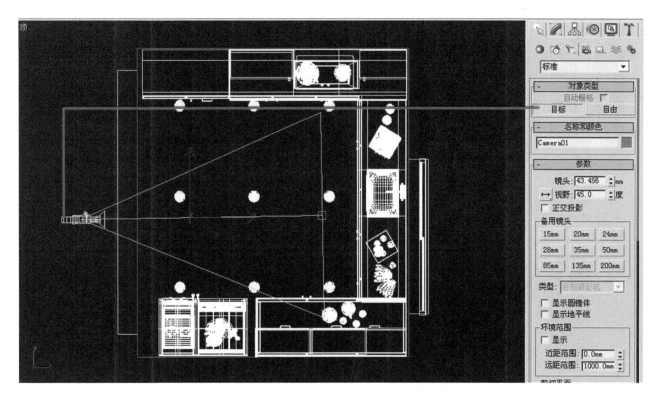

图 3-23

（2）运用移动工具调整相机视高，修改视野与镜头，调整相机观察范围，移动四棱锥顶点处的摄像机，调整观察角度，如图 3-24 所示。

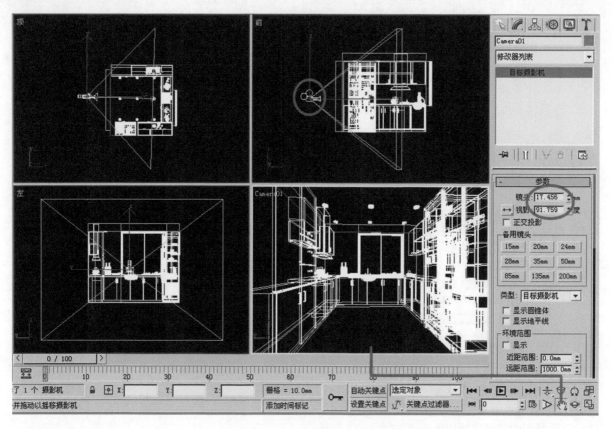

图 3-24

（3）在显示面板中隐藏摄像机，以便后面编辑，如图 3-25 所示。

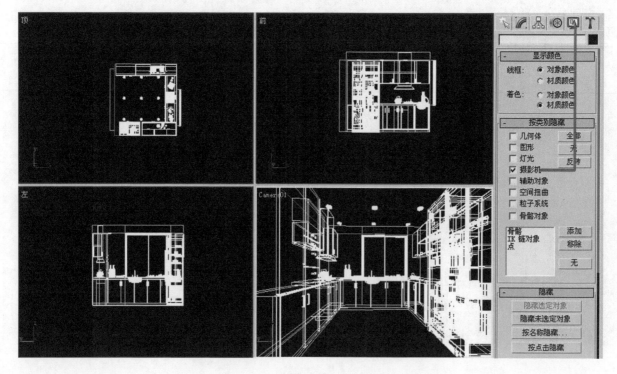

图 3-25

五、灯光测试与渲染初步设置

（1）在顶视图中创建 VRayLight 灯光，灯光原始参数如图 3-26 所示。

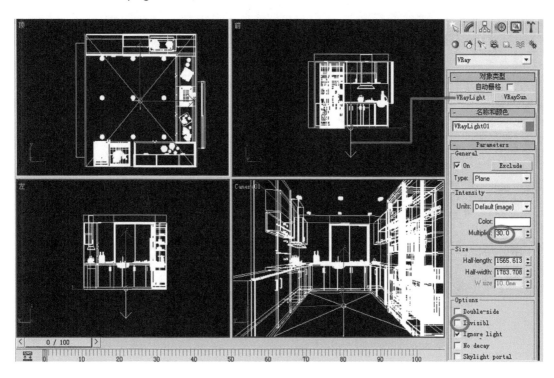

图 3-26

（2）调整灯光参数，移动灯光到厨房扣板下，如图 3-27 所示。

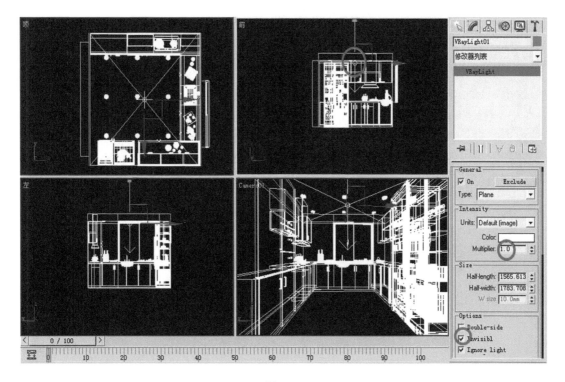

图 3-27

（3）在顶视图中创建 VRaySun，不添加环境贴图，默认参数如图 3-28 所示。

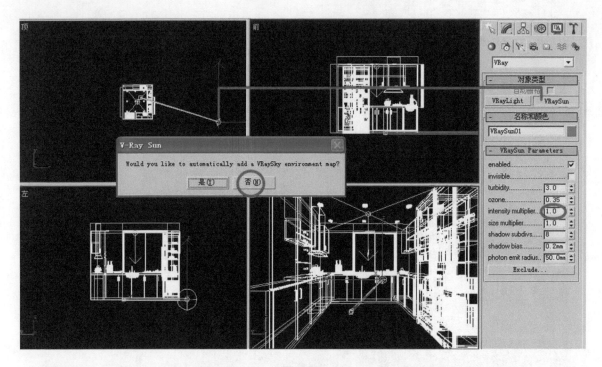

图 3-28

（4）移动 VRaySun 灯光的位置，修改参数，如图 3-29 所示。

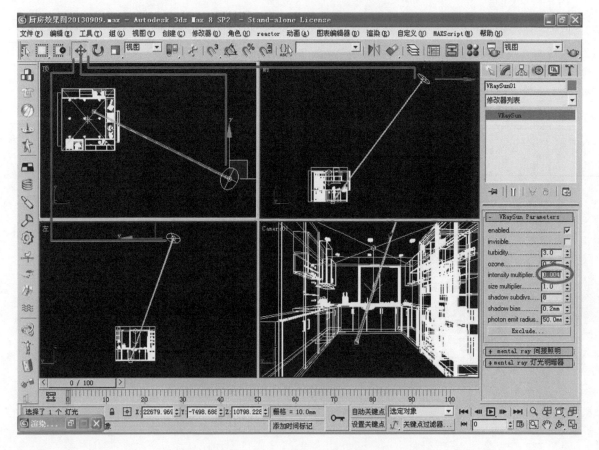

图 3-29

（5）下面制作 VRay 初步渲染设置。按 F10 键，调出渲染器面板，在公用面板的预设选项中，选择第二章实例保存的初步渲染设置，在调出的对话框中单击"加载"按钮，完成 VRay 渲染器的初步设置，如图 3-30 所示。

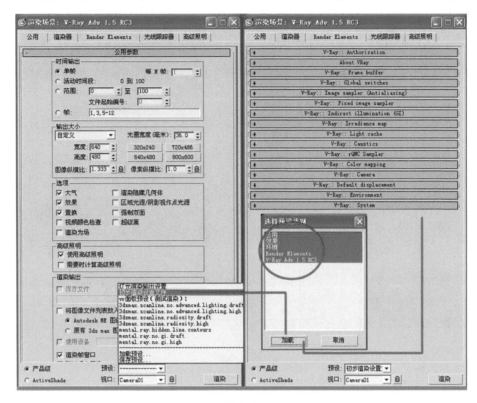

图 3-30

（6）修改材质编辑器左上角材质球名称为"全局替代"，然后拖动该材质球到 VRay 渲染器面板中的全局替换按钮上，在"实例（副本）材质"对话框中选择"实例"选项，如图 3-31 所示。

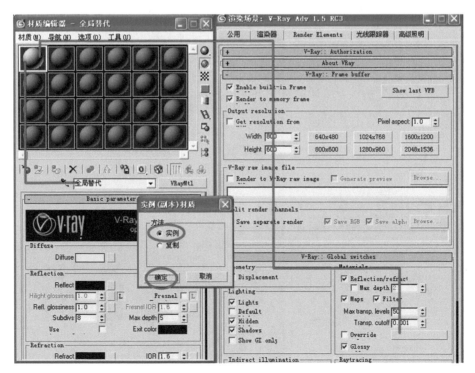

图 3-31

（7）单击"渲染"按钮，灯光测试后的渲染效果如图 3-32 所示。读者可根据光影层次变化自行调整灯光参数，直到满意为止。

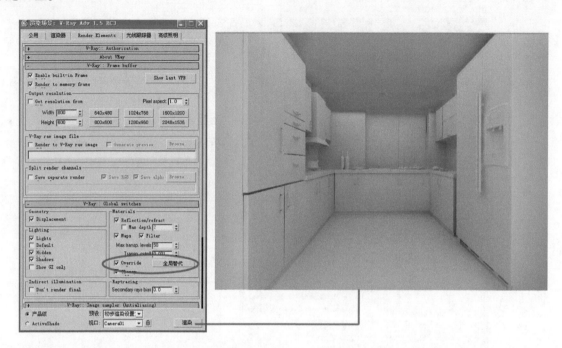

图 3-32

六、材质贴图制作

（1）单击材质编辑器左上第 2 个材质球，创建墙面砖材质贴图，如图 3-33 所示。

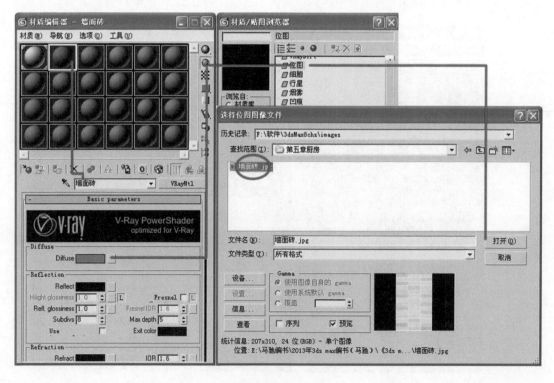

图 3-33

（2）将设置好的墙面砖材质赋予选定的墙体，添加贴图坐标，如图3-34所示。

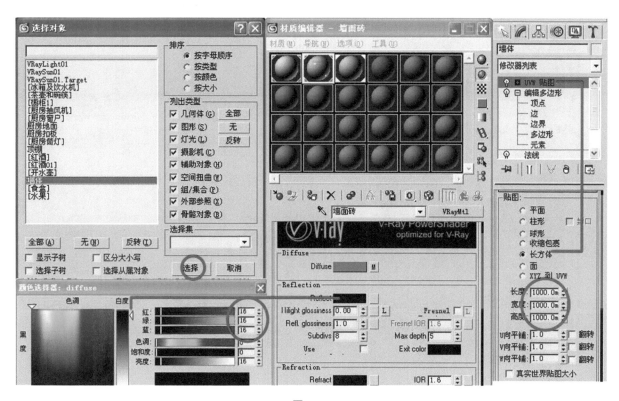

图 3-34

（3）渲染赋予墙面砖材质的墙体，如图3-35所示。读者可以在贴图坐标中自行设定砖纹数值大小。

图 3-35

（4）单击材质编辑器左上第3个材质球，创建扣板材质贴图，如图3-36所示。

（5）将设置好的扣板材质赋予选定的吊顶，添加贴图坐标，如图3-37所示。

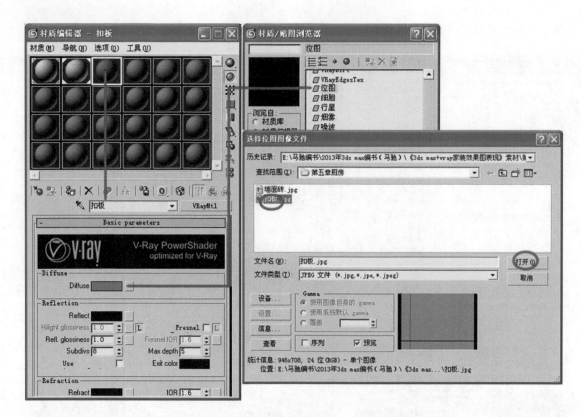

图 3-36

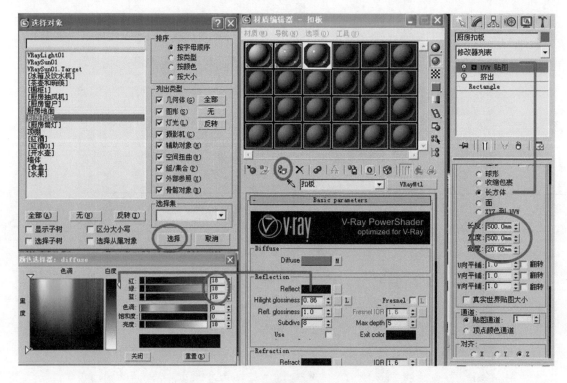

图 3-37

(6) 渲染赋予扣板材质的吊顶，如图 3-38 所示。若要对扣板大小进行设置，可以在贴图坐标中自行设定数值大小。

(7) 单击材质编辑器左上第 4 个材质球，创建地砖材质贴图，如图 3-39 所示。

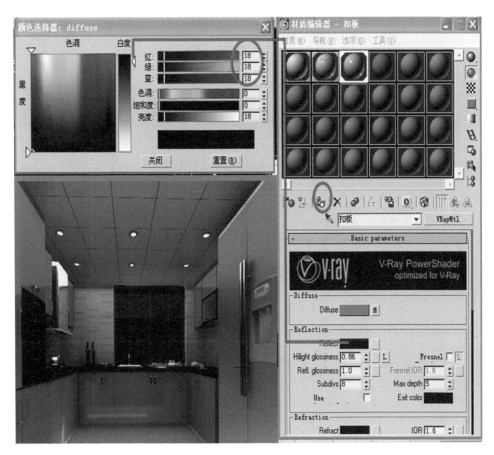

图 3-38

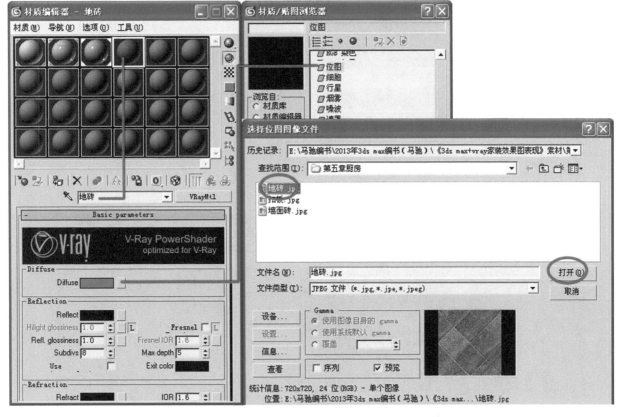

图 3-39

（8）将设置好的地砖材质赋予选定的地面，添加贴图坐标，如图 3-40 所示。

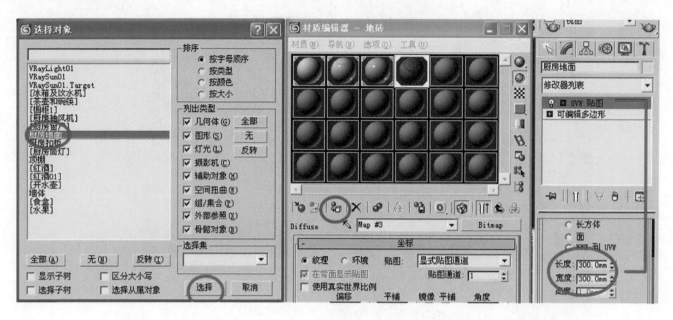

图 3-40

（9）渲染赋予地砖材质的地面，如图 3-41 所示。若要对地砖大小进行设置，可以在贴图坐标中自行设定数值大小。

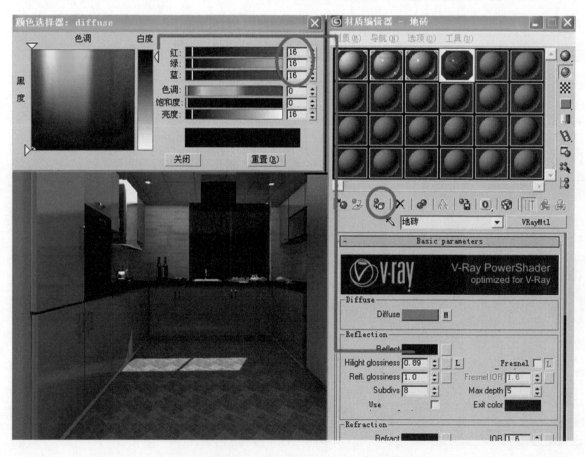

图 3-41

（10）单击材质编辑器左上第 5 个材质球，创建橱柜面板木纹材质贴图。本次制作材质的方法是通过调入保存的材质文件进行设置，如图 3-42 所示。

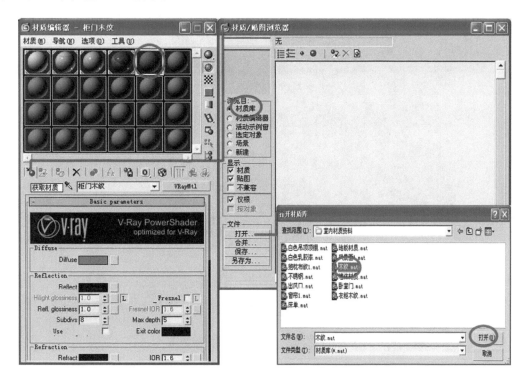

图 3-42

（11）双击材质贴图浏览器中的"木纹（VRayMtl）"，将其运用到选中的第 5 个材质球上；将木纹图片文件直接拖动到木纹材质球的表面色右侧的小矩形按钮上，改变木纹贴图，如图 3-43 所示。

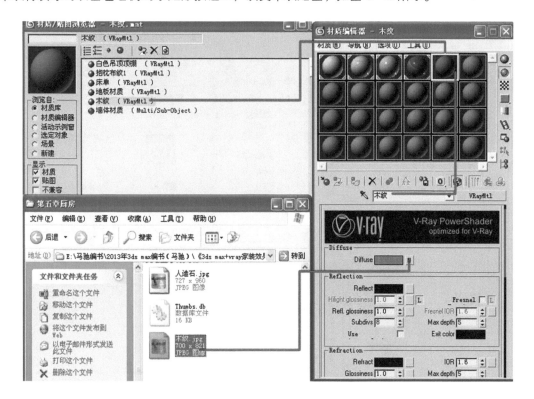

图 3-43

（12）渲染赋予木纹材质的橱柜面板，如图 3-44 所示。若要对纹路大小进行设置，可以在材质编辑器中对贴图平铺次数值进行设置。

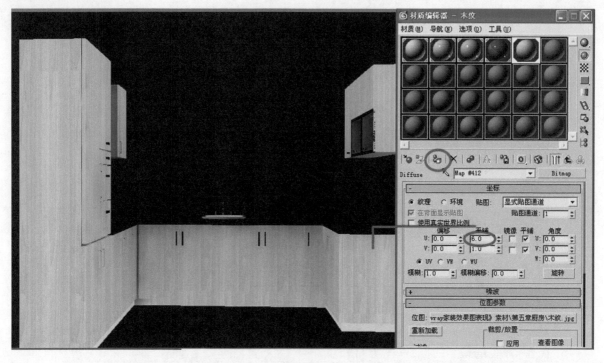

图 3-44

（13）制作橱柜台面材质。将"人造石"图片文件直接拖动到选中的第 6 个材质球的表面色右侧小按钮上，完成贴图导入，如图 3-45 所示。

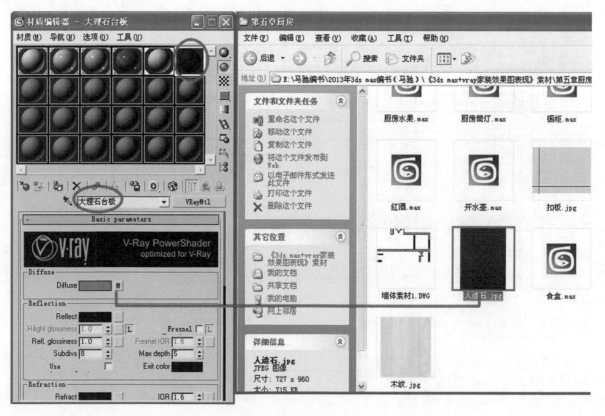

图 3-45

（14）设置发射度，渲染赋予人造石材质的橱柜台面，如图 3-46 所示。若要对台面纹理大小进行设置，可以在贴图坐标中自行设定数值大小。

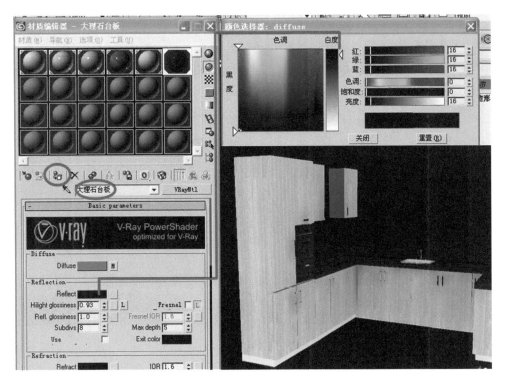

图 3-46

（15）单击材质编辑器上第 7 个材质球，创建不锈钢材质贴图。本次制作材质的方法是通过调入保存的材质文件进行设置，如图 3-47 所示。

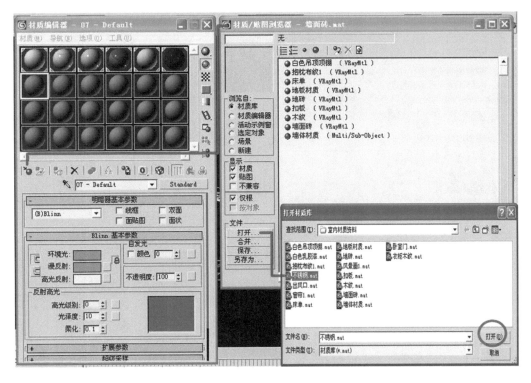

图 3-47

（16）渲染赋予不锈钢材质的橱柜拉手，如图 3-48 所示。

图 3-48

（17）制作窗外风景。调出环境和效果对话框，调入位图，如图 3-49 所示。

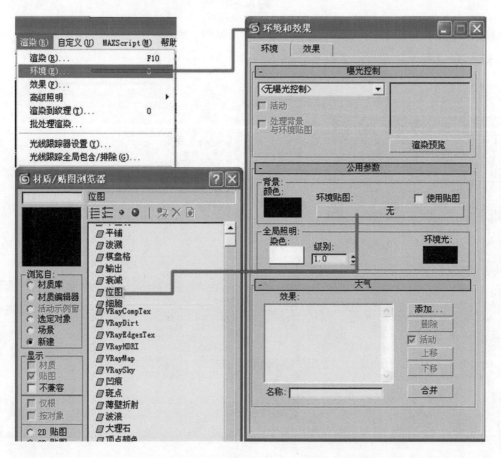

图 3-49

（18）将刚才调入的图片文件拖动到材质编辑器中，选择"实例"关系，如图 3-50 所示。

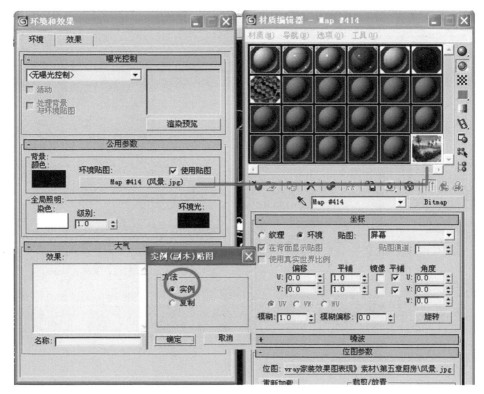

图 3-50

（19）渲染后的窗外风景效果如图 3-51 所示。材质制作部分基本结束，其他没讲到的材质，由于篇幅限制，读者可自行制作完成。

图 3-51

七、渲染输出和后期处理

（1）对灯光材质进行适当编辑后，若对渲染效果（图 3-51）满意后，进行发光贴图光子文件制作。

（2）制作发光贴图光子文件，按照图 3-52 所示操作。

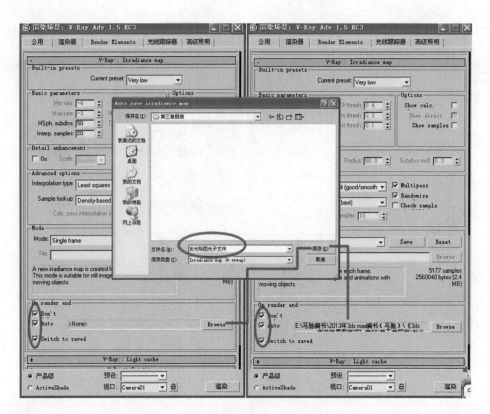

图 3-52

（3）制作灯光缓存光子文件，按照图 3-53 所示操作。

（4）渲染后，自动保存灯光缓存光子文件，如图 3-54 所示。

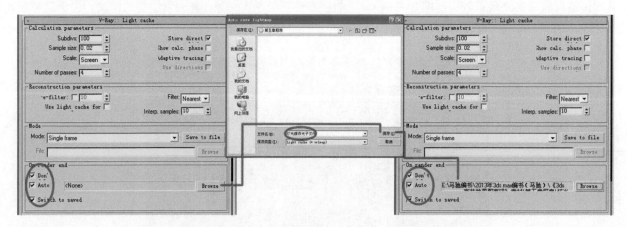

图 3-53

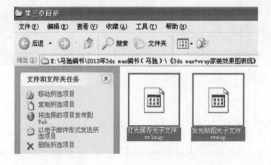

图 3-54

（5）渲染输出图像设置，如图 3-55 所示。

（6）保存渲染图像文件，如图 3-56 所示。

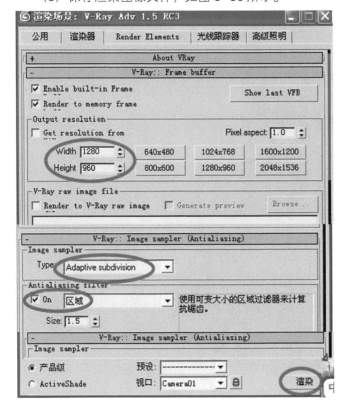

图 3-55

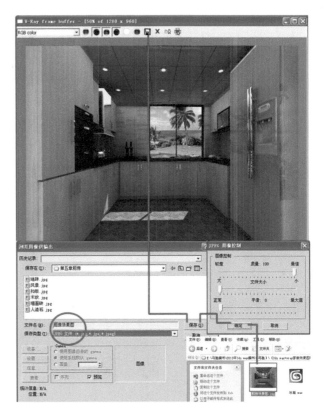

图 3-56

（7）VRayRender ID 图像渲染输出设置，如图 3-57 所示。

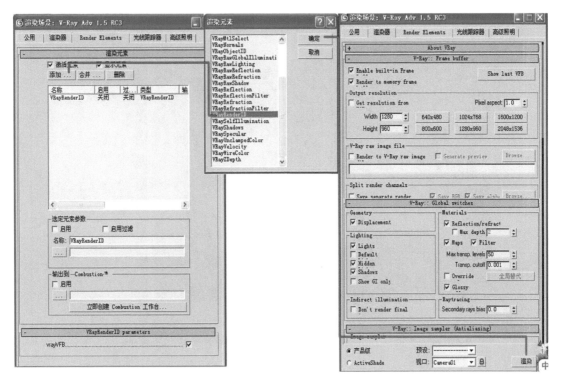

图 3-57

（8）保存 VRayRender ID 图像，如图 3-58 所示。

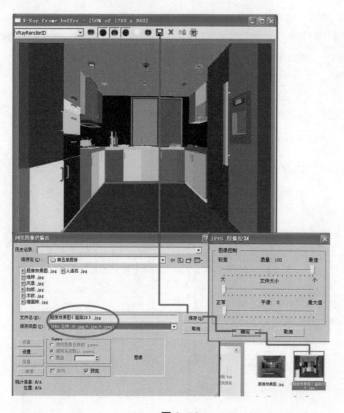

图 3-58

（9）后期处理。在 Photoshop 软件中打开厨房效果图和 ID 图，将 ID 图拖到效果图中，如图 3-59 所示。

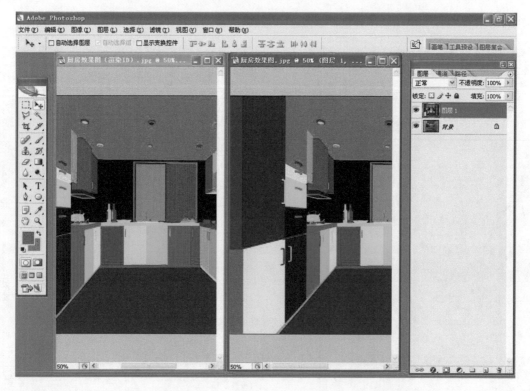

图 3-59

（10）复制背景图层为背景副本，选中图层 1，运用魔术棒工具选中厨房地面，如图 3-60 所示。

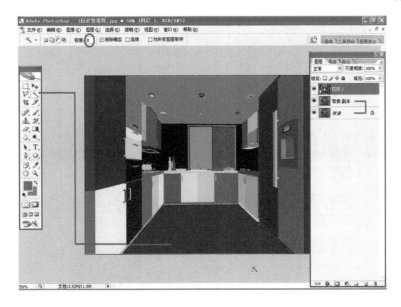

图 3-60

（11）运用曲线命令对背景副本图层中地面选区进行编辑，如图 3-61 所示。

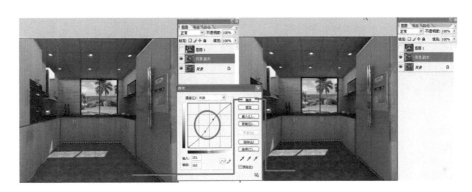

图 3-61

（12）运用魔术棒工具创建冰箱选区，如图 3-62 所示。

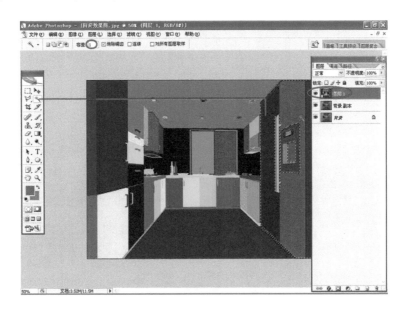

图 3-62

（13）运用曲线命令对冰箱选区进行色彩编辑，如图 3–63 所示。

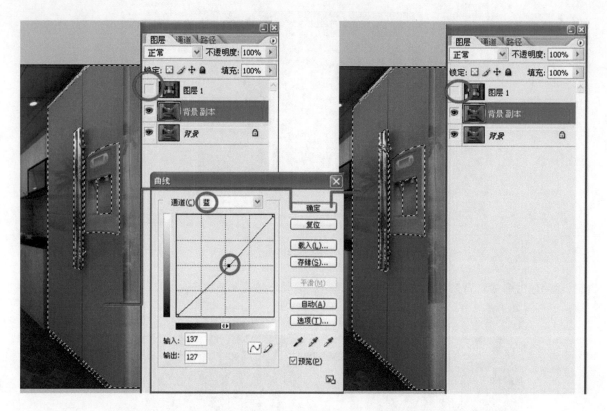

图 3-63

（14）保存后期处理完成的图像，如图 3-64 所示。

图 3-64

第四章

客厅效果图制作

一、墙体建模

（1）运行 3DS Max 软件，设置显示单位和系统单位为"毫米"，如图 4-1 所示。

图 4-1

（2）将 AutoCAD 文件导入到 3DS Max 软件中，如图 4-2 所示。

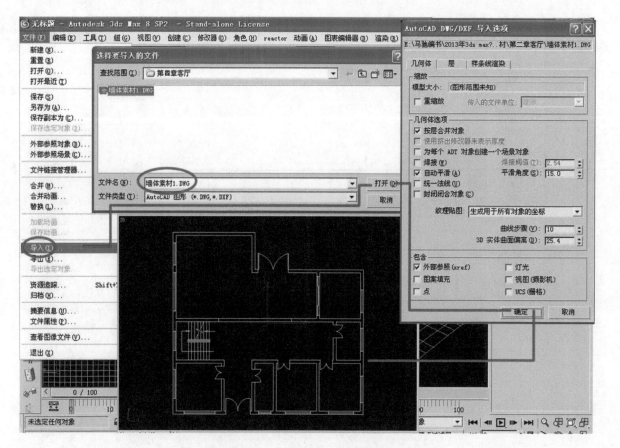

图 4-2

（3）运用顶点捕捉在顶视图客厅平面图上绘制闭合线型，如图 4-3 所示。

图 4-3

（4）对闭合线型进行"挤出"操作，如图 4-4 所示。

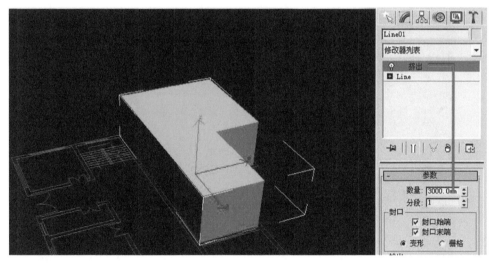

图 4-4

（5）对闭合线型进行"法线"操作，如图 4-5 所示。

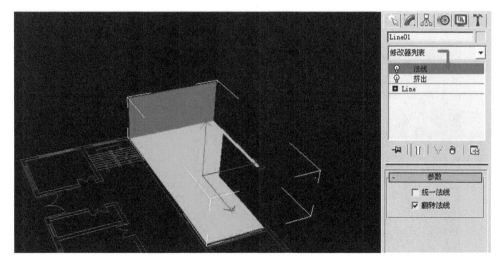

图 4-5

(6) 选择"编辑多边形"下面的"边"次对象，按 Ctrl 键选中两条垂直边线，如图 4-6 所示。

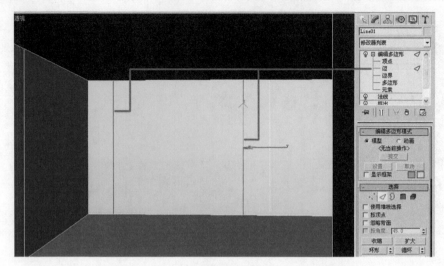

图 4-6

(7) 对选中的两条垂直边执行"连接"命令，如图 4-7 所示。

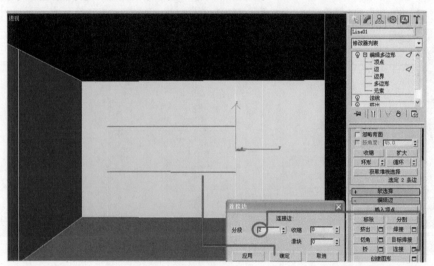

图 4-7

(8) 分别设置两条连接的水平线段的高度，如图 4-8 所示。

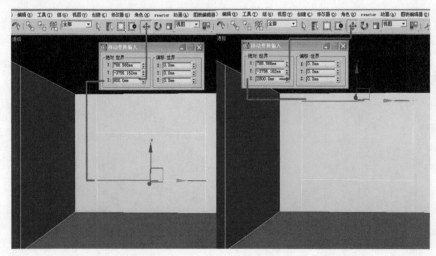

图 4-8

（9）选中窗洞块面进行"挤出"操作，然后删除该块面，如图4-9所示。

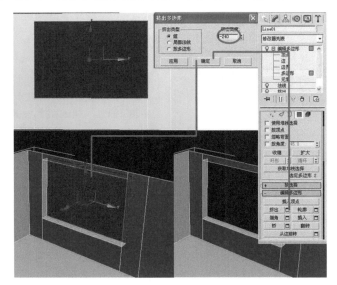

图 4-9

（10）选择"编辑多边形"下面的"边"次对象，按Ctrl键选中两条垂直边线，如图4-10所示。

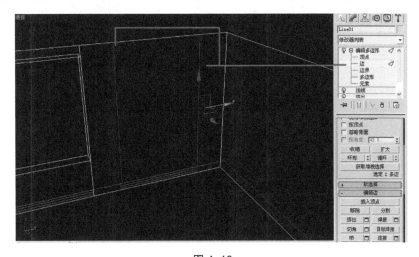

图 4-10

（11）对选中的两条垂直边执行"连接"命令，如图4-11所示。

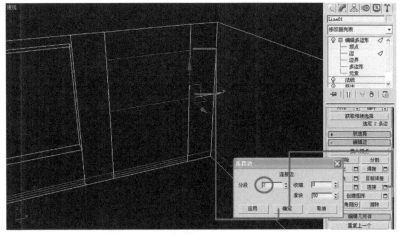

图 4-11

（12）分别设置两条连接的水平线段的高度，如图 4–12 所示。

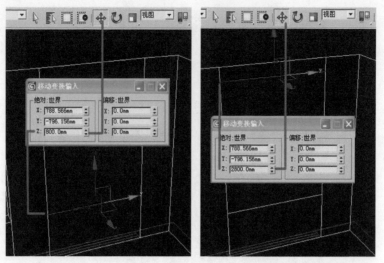

图 4–12

（13）选中窗洞块面进行"挤出"操作，然后删除该块面，如图 4–13 所示。

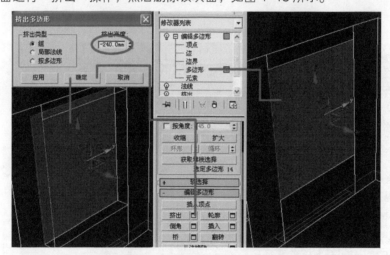

图 4–13

（14）选中顶棚进行"分离"操作，如图 4–14 所示。

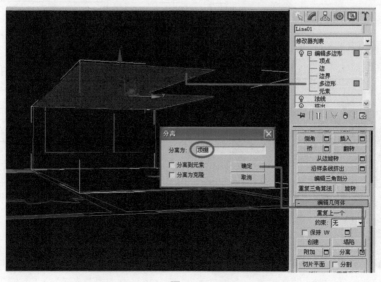

图 4–14

（15）选中地面进行"分离"操作，如图 4-15 所示。

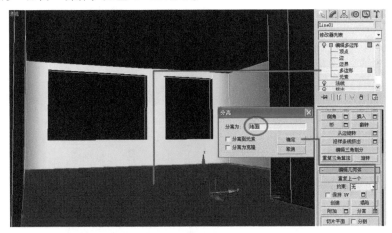

图 4-15

（16）选中门洞块面进行"挤出"操作，然后删除该块面，如图 4-16 所示。

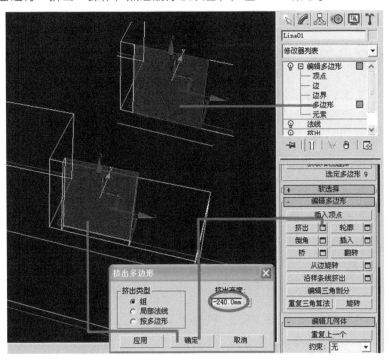

图 4-16

（17）选中门洞左侧面两条边，进行"连接"操作，然后设定连接的水平边高度，如图 4-17 所示。

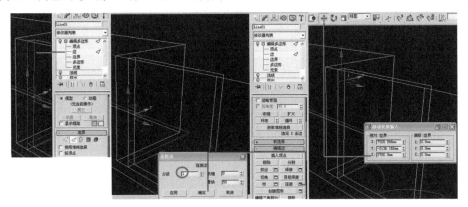

图 4-17

（18）用同样的方法设定门洞右侧参数，如图 4-18 所示。

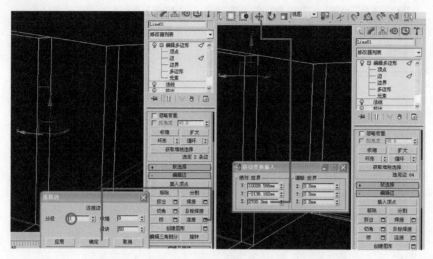

图 4-18

（19）按 Ctrl 键同时选中两个块面进行桥接，如图 4-19 所示。

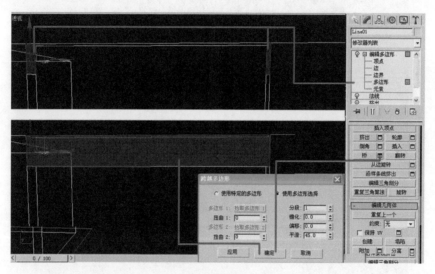

图 4-19

（20）选中门洞块面进行"挤出"操作，然后删除块面，如图 4-20 所示。

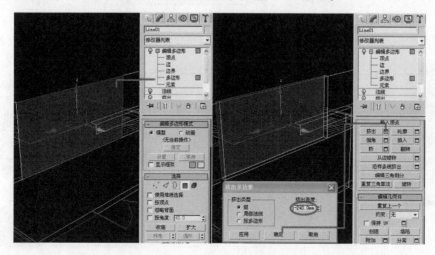

图 4-20

（21）对门洞左侧面进行"连接"操作，设定连接水平线的高度，如图 4-21 所示。

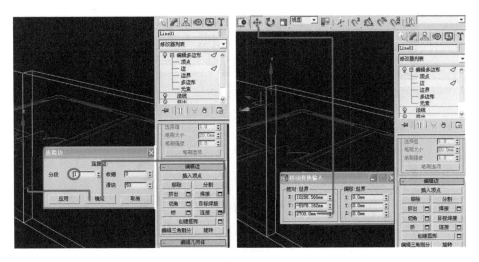

图 4-21

（22）对门洞右侧面进行"连接"操作，设定连接水平线的高度，如图 4-22 所示。

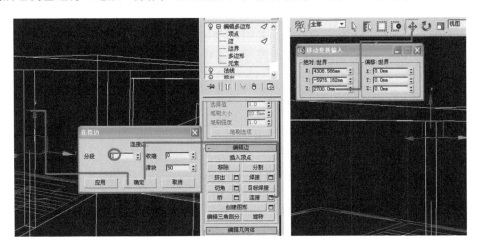

图 4-22

（23）按 Ctrl 键同时选中两个块面进行桥接，如图 4-23 所示。

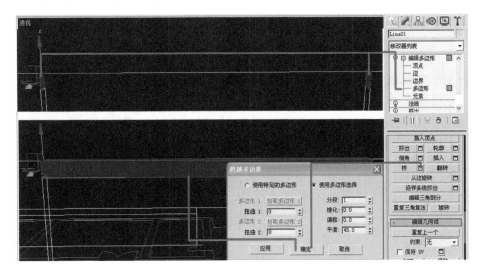

图 4-23

（24）设定墙体名称，完成客厅墙体建模，如图 4-24 所示。

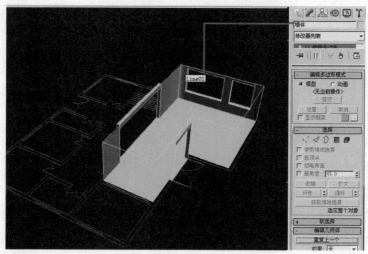

图 4-24

二、空间装修建模

（1）吊顶制作。导入 AutoCAD 客厅吊顶文件，如图 4-25 所示。

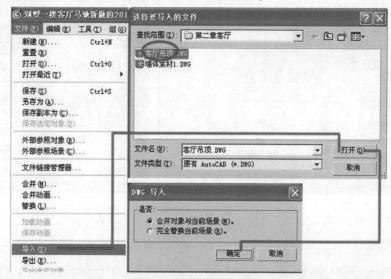

图 4-25

（2）单击"确定"按钮，将 AutoCAD 客厅吊顶文件导入，如图 4-26 所示。

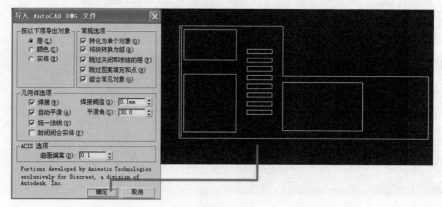

图 4-26

(3) 运用顶点捕捉在吊顶平面图上绘制闭合线型"Line02",如图 4-27 所示。

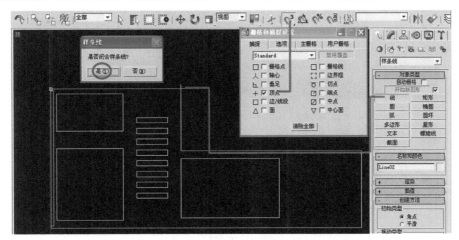

图 4-27

(4) 修改"Line02"名称为"吊顶",运用顶点捕捉在顶视图中创建 Line03、Line04、Line05、Line06,并将其全部附加到吊顶中,如图 4-28 所示。

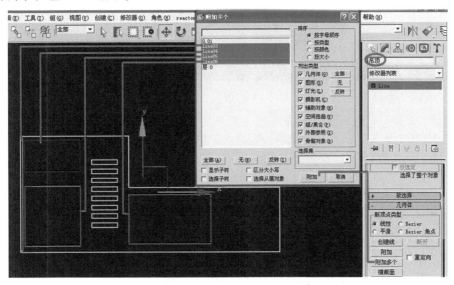

图 4-28

(5) 对吊顶进行"挤出"操作,如图 4-29 所示。

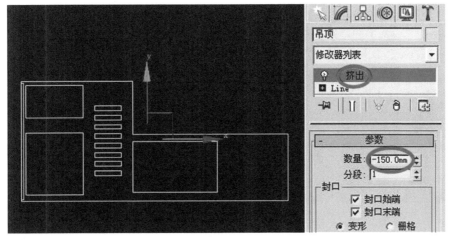

图 4-29

（6）运用顶点捕捉在顶视图中创建矩形 Rectangle 01，然后进行阵列运算，选中复制后的最后一个矩形 Rectangle 08，在修改面板中为其添加"编辑样条线"命令，如图 4-30 所示。

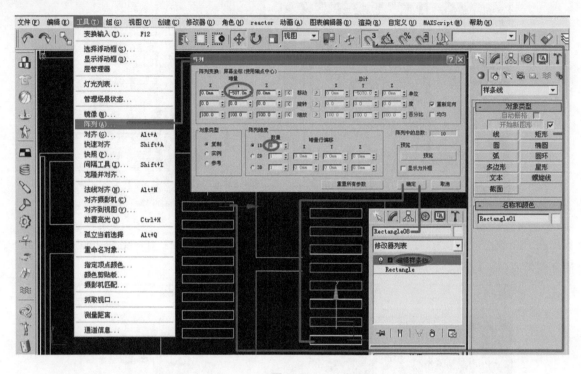

图 4-30

（7）修改矩形 Rectangle 08 的名称为吊顶条，在修改面板中为其添加"编辑样条线"命令；将上一步阵列运算后的另外七个矩形附加到吊顶条中，如图 4-31 所示。

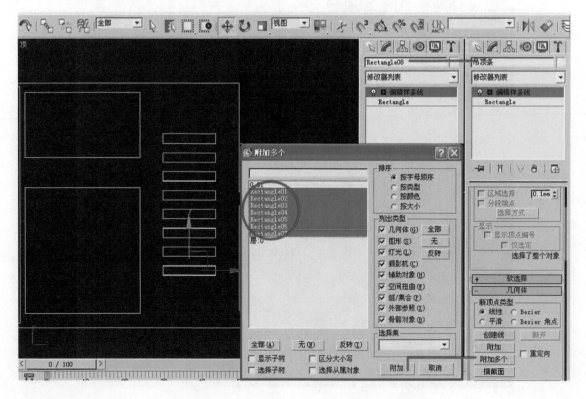

图 4-31

（8）对吊顶条物体进行挤出操作，然后将该物体的顶面与吊顶的底面进行对齐操作，如图 4-32 所示。

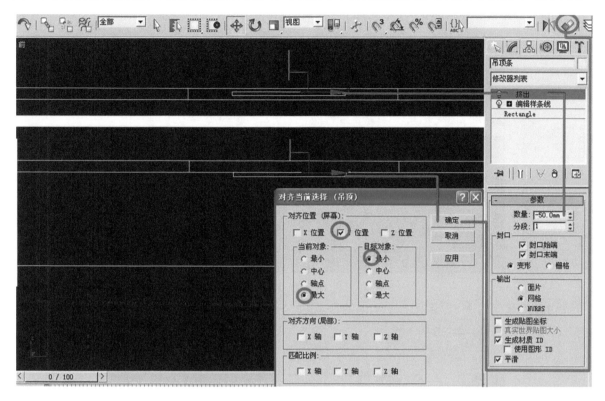

图 4-32

（9）运用顶点捕捉在吊顶内绘制矩形，然后在修改命令面板中对其运用编辑样条线命令，进行轮廓偏移设置，如图 4-33 所示。

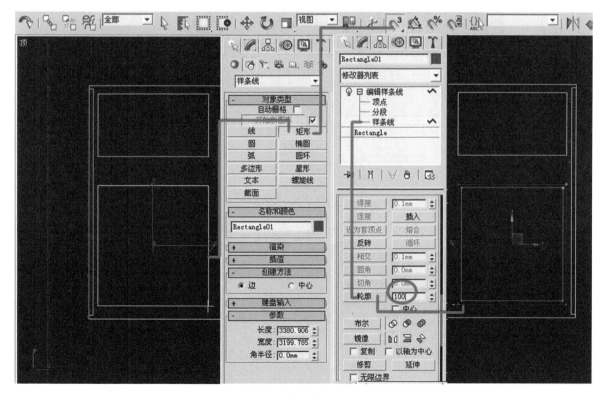

图 4-33

（10）对轮廓偏移后的矩形进行"挤出"操作，并移动到大吊顶中间位置，修改名称为"吊顶边框1"。运用同样的方法对顶视图中吊顶中另外两个矩形边框进行同样的操作，如图4-34所示。

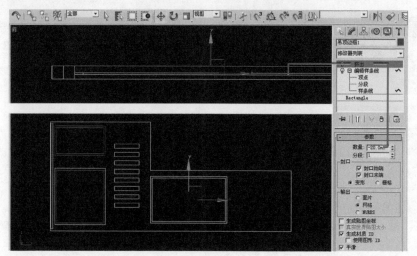

图4-34

（11）选中空间装修建模中除AutoCAD导入的吊顶文件之外的自己创建的吊顶物体，将它们定义为"组"，修改组名为"客厅吊顶"，如图4-35所示。

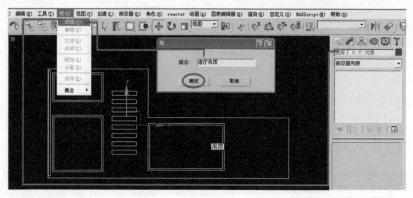

图4-35

（12）客厅吊顶部分制作完成。

（13）制作客厅电视背景墙。选择"文件"下的"导入"命令，将AutoCAD电视背景墙文件导入到3DS Max软件中，如图4-36所示。

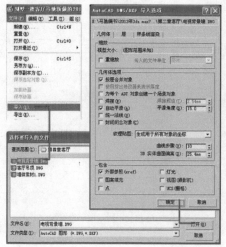

图4-36

（14）在前视图中运用顶点捕捉沿着导入后的电视背景墙物体进行绘制，形成闭合图形，如图 4-37 所示。

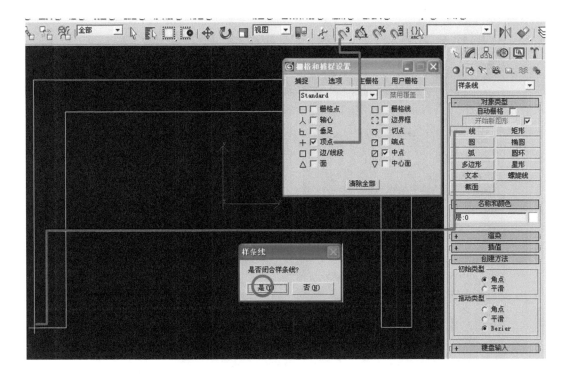

图 4-37

（15）对闭合图形进行"倒角"处理，如图 4-38 所示。

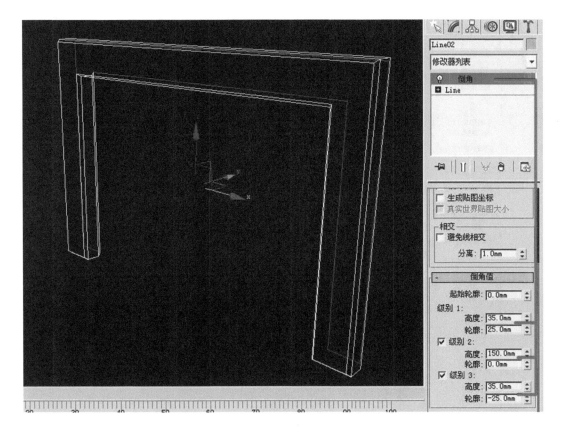

图 4-38

（16）在顶视图中创建长方体，移动至电视背景墙中间，同时选中这两个物体，定义为"组"，如图4-39所示。客厅电视背景墙部分制作完成。

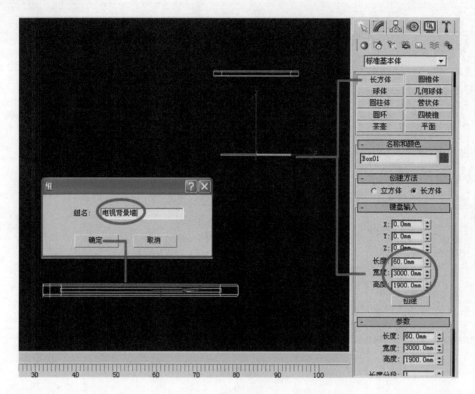

图4-39

（17）客厅窗户制作。合并客厅窗户文件到3DS Max软件中，如图4-40所示。

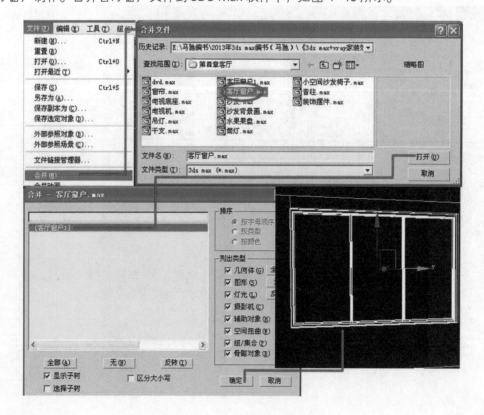

图4-40

（18）用同样的方法，将客厅旁小窗户合并到场景中，如图 4-41 所示。

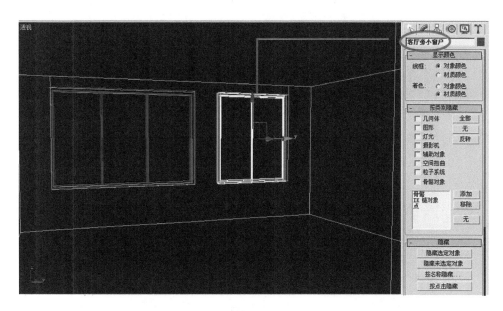

图 4-41

（19）客厅空间装修建模部分结束制作。

三、家电及陈设品合并

（1）合并电视底座，如图 4-42 所示。

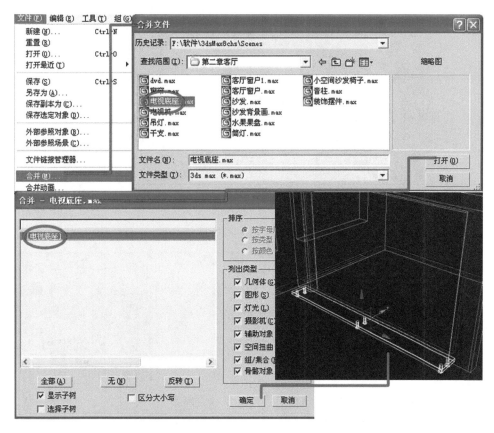

图 4-42

（2）电视背景墙其他部件合并，如图 4-43 所示。

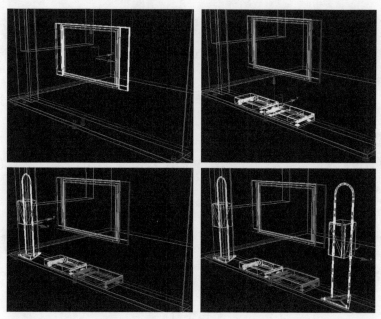

图 4-43

（3）两组沙发分别合并，如图 4-44 所示。

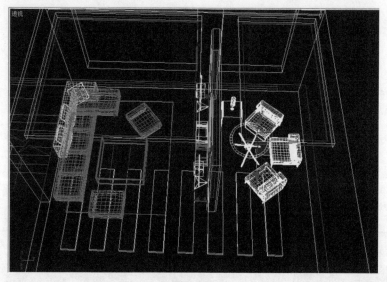

图 4-44

（4）合并沙发背景墙挂画，然后进行镜像轴复制到另一个沙发背景墙，如图 4-45 所示。

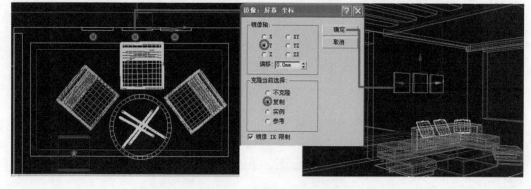

图 4-45

（5）合并各种陈设品，如图 4-46 所示。

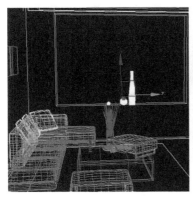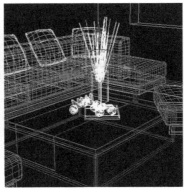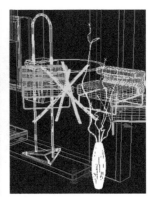

图 4-46

（6）合并与复制客厅窗帘，如图 4-47 所示。

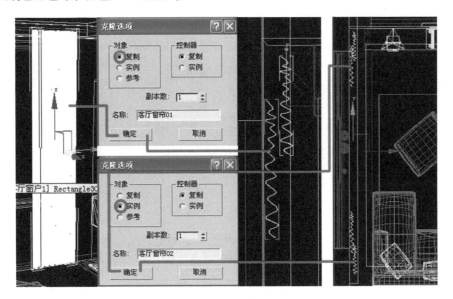

图 4-47

（7）选中两组客厅窗帘，建立组，如图 4-48 所示。

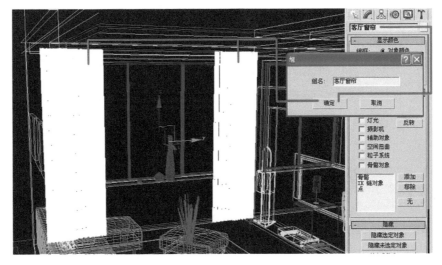

图 4-48

（8）合并吊灯，如图 4-49 所示。

图 4-49

（9）合并筒灯并复制成一排，如图 4-50 所示。

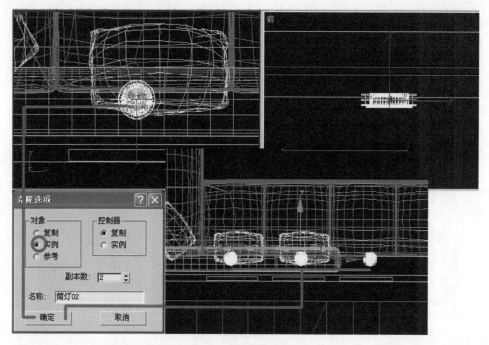

图 4-50

（10）复制两排筒灯，将全部三排筒灯合并成为组，如图 4-51 所示。

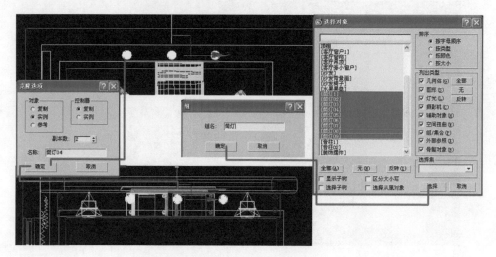

图 4-51

（11）室内家电及陈设品部分基本完成，若想添加其他物品，可以按照上述方法自行添加。

四、相机创建与编辑

（1）在顶视图中创建目标摄像机，如图 4-52 所示。

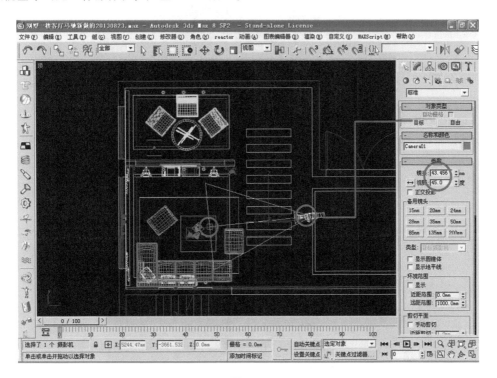

图 4-52

（2）对创建的相机进行视高、视野、视角等方面的设置，如图 4-53 所示。

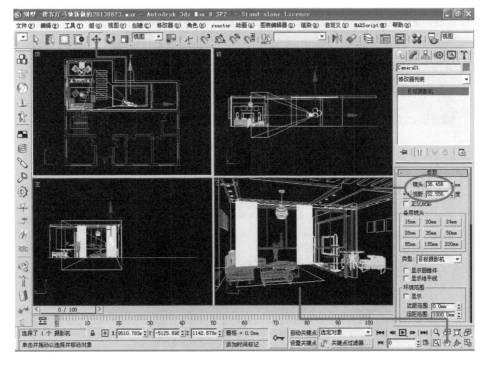

图 4-53

五、灯光测试与渲染初步设置

(1) 在顶视图中创建 VRayLight 灯光，移动和复制灯光，如图 4-54 所示。

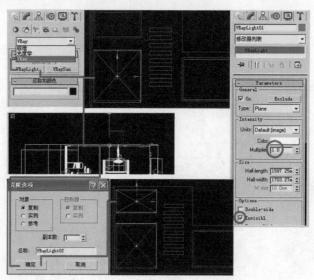

图 4-54

(2) 在顶视图中继续创建 VRayLight 灯光，如图 4-55 所示。

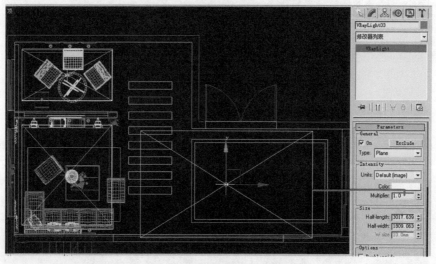

图 4-55

(3) 在左视图中创建射灯，如图 4-56 所示。

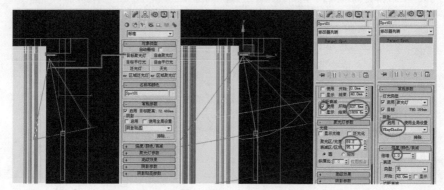

图 4-56

（4）移动与复制刚才创建的射灯，形成两排射灯，如图 4-57 所示。

图 4-57

（5）在渲染面板中添加初步渲染设置，准备灯光测试阶段的初步渲染，如图 4-58 所示。

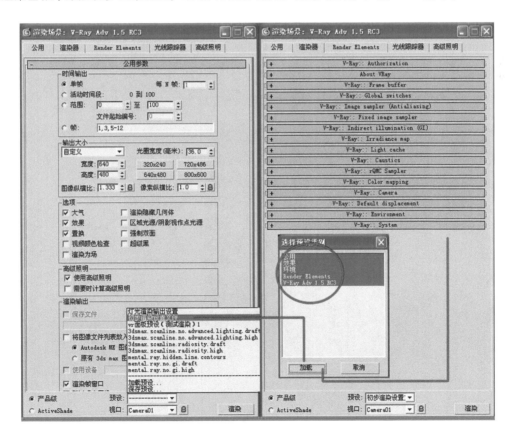

图 4-58

（6）选中材质编辑器中第 1 个材质球进行"全局替代"操作，如图 4-59 所示。

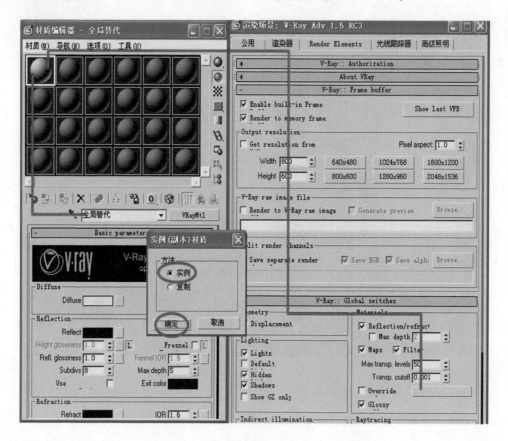

图 4-59

（7）渲染相机 01 后，效果如图 4-60 所示。

（8）灯光测试阶段基本完成，下面取消全局替代，进行材质编辑，如图 4-61 所示。

图 4-60

图 4-61

六、材质贴图制作

（1）选中墙体，创建墙面材质 ID 号，如图 4-62 所示。

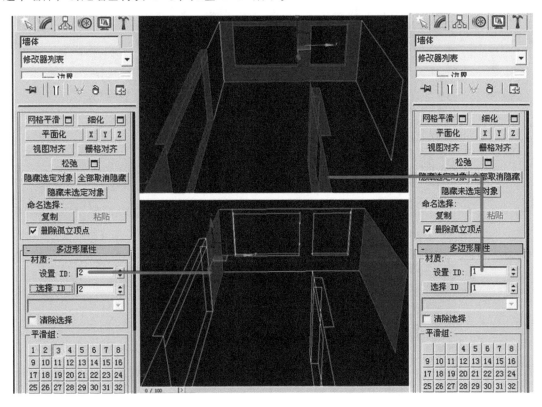

图 4-62

（2）设置墙体材质为多维子材质，数量为 "2"，设置 ID 号名称，如图 4-63 所示。

（3）设置 ID 号为 1 的墙体 Diffuse（表面色）、Reflect（反射度），如图 4-64 所示。

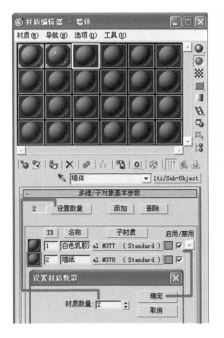

图 4-63

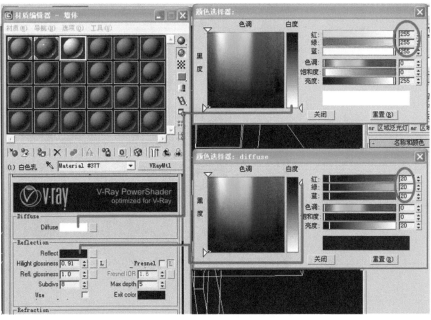

图 4-64

（4）设置 ID 号为 2 的墙纸材质，调入贴图，如图 4-65 所示。

图 4-65

（5）对调入的贴图进行裁剪处理，如图 4-66 所示。

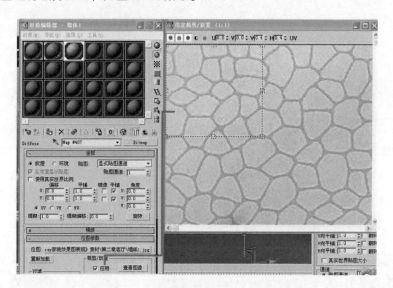

图 4-66

（6）为墙体添加 UVW 贴图坐标，具体设置如图 4-67 所示。

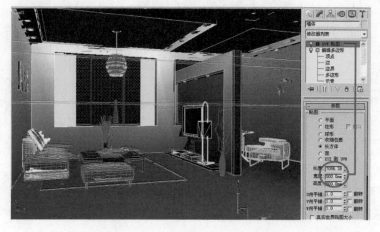

图 4-67

(7) 设置地板材质。将地板图片直接拖动到地板贴图材质球表面色（Diffuse）右侧第二个按钮上，如图 4–68 所示。

(8) 为地板添加 UVW 贴图坐标，具体设置及效果如图 4–69 所示。

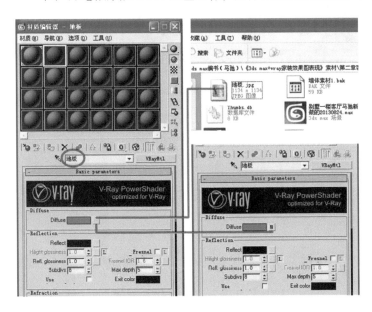

图 4–68

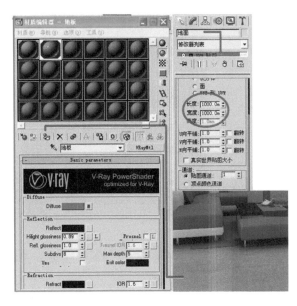

图 4–69

(9) 设置顶棚及吊顶的材质，如图 4–70 所示。

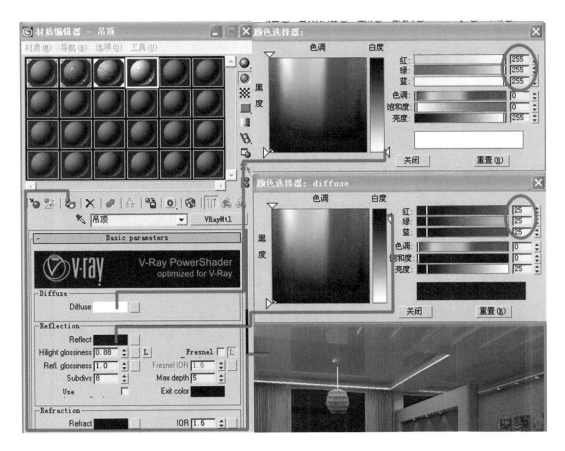

图 4–70

（10）创建电视机背景墙边框木纹材质贴图，如图 4-71 所示。

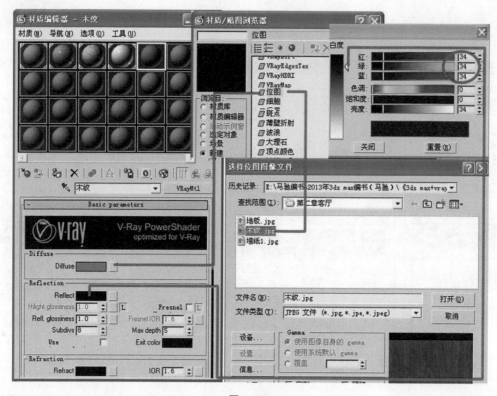

图 4-71

（11）创建电视机背景墙中间墙纸材质贴图，如图 4-72 所示。

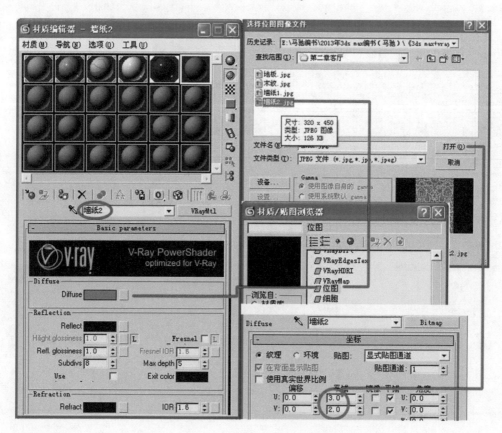

图 4-72

（12）电视背景墙材质制作赋予后的效果如图 4-73 所示。

（13）用同样的方法对电视背景墙中的电视机及其两侧的音响正面的材质贴图进行设置，如图 4-74 所示。

图 4-73

图 4-74

（14）制作沙发材质。将沙发组打开，选择"沙发坐垫"，制作材质如图 4-75 所示。

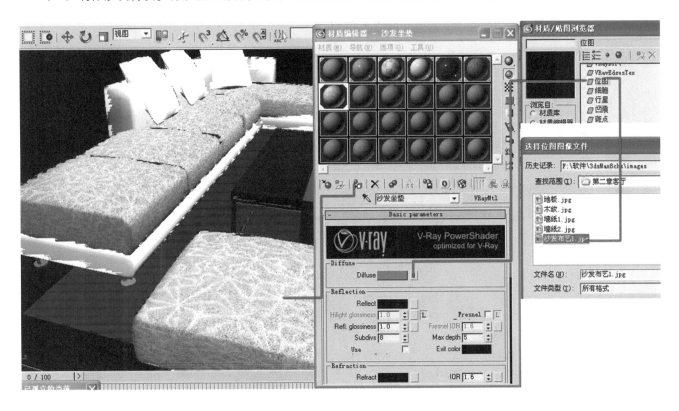

图 4-75

（15）制作沙发靠垫材质贴图，如图 4-76 所示。

（16）制作沙发白色结构材质贴图，如图 4-77 所示。

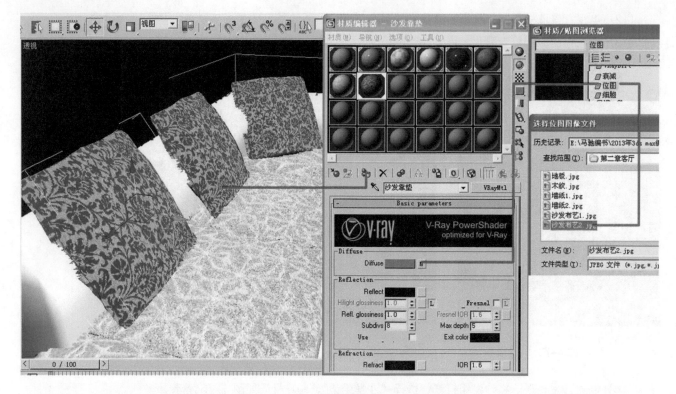

图 4-76

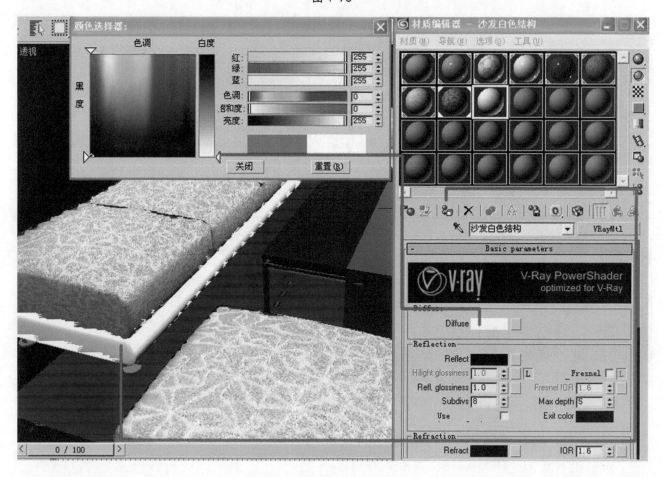

图 4-77

（17）制作不锈钢材质贴图，并赋予给沙发茶几的支撑结构，如图 4-78 所示。

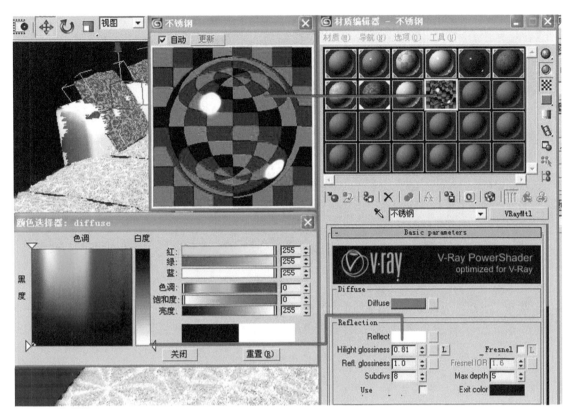

图 4-78

（18）用同样的方法制作沙发茶几上布艺贴图，调整贴图裁剪位置，如图 4-79 所示。

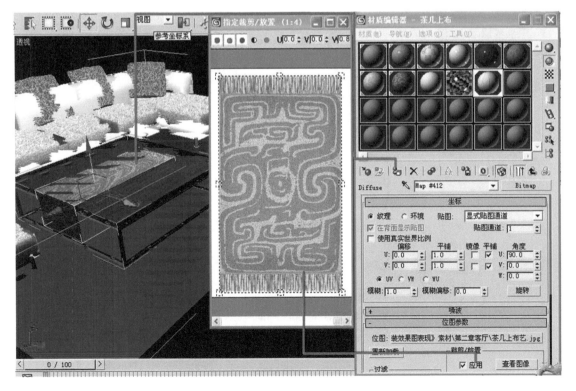

图 4-79

（19）用同样方法制作地毯材质贴图，如图 4-80 所示。

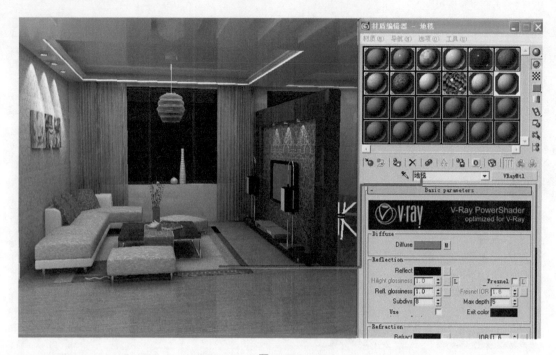

图 4-80

（20）制作窗户玻璃材质，如图 4-81 所示。

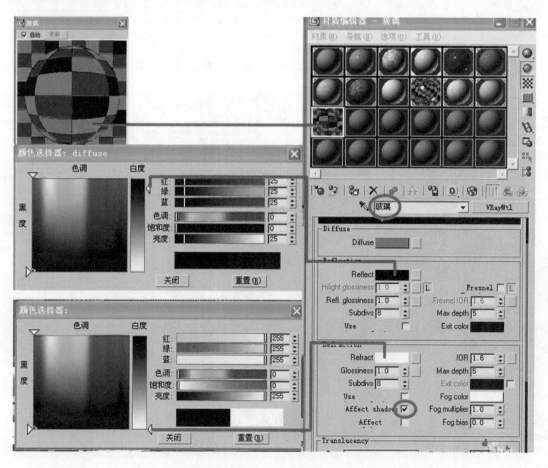

图 4-81

（21）制作窗框材质，并赋予窗框及玻璃材质，如图 4-82 所示。

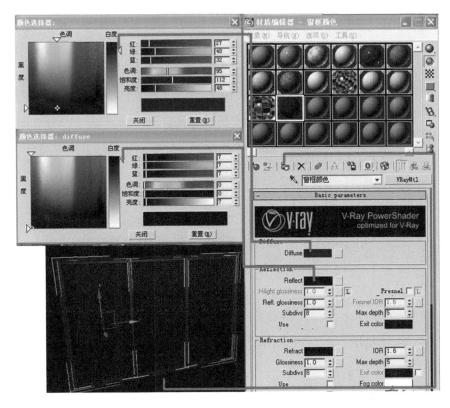

图 4-82

（22）制作窗帘材质贴图，赋予窗帘物体，如图 4-83 所示。

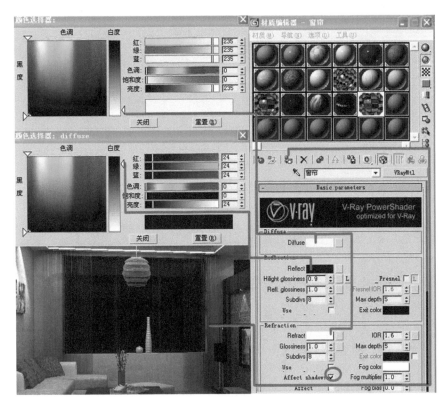

图 4-83

（23）制作窗外风景效果。

首先在环境效果面板中导入贴图，如图 4-84 所示。

图 4-84

将环境效果面板中导入的贴图拖动到材质编辑器右下角材质球上，如图 4-85 所示。

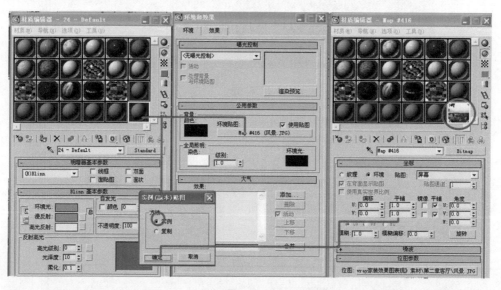

图 4-85

窗外风景制作完成效果如图 4-86 所示。材质贴图制作部分基本完成，其他未讲解的材质，读者可依据讲解材质方法制作完成。

图 4-86

七、渲染输出和后期处理

（1）对灯光进行调整，在场景中添加太阳光，如图 4-87 所示。

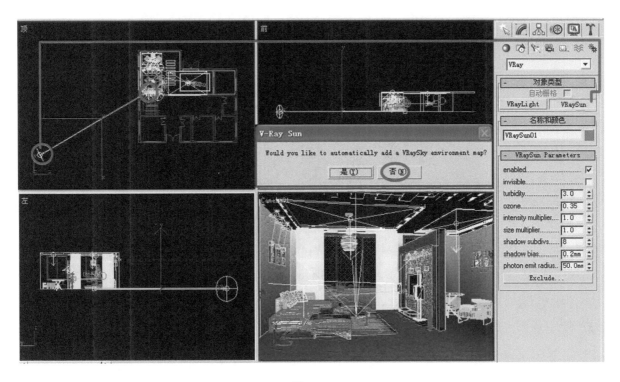

图 4-87

（2）调整太阳光的照射角度及强度倍增数值，如图 4-88 所示。

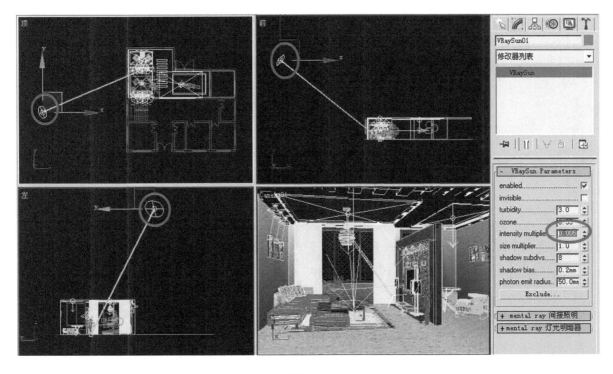

图 4-88

（3）对场景中的所有灯光、材质参数进行适当调整，经过多次渲染，观察场景色彩及明暗层次变化的效果，实现最佳的效果，如图 4-89 所示。

图 4-89

（4）若对渲染效果满意（图 4-89），则进行光子文件的制作。

首先制作"发光贴图光子文件"，如图 4-90 所示。

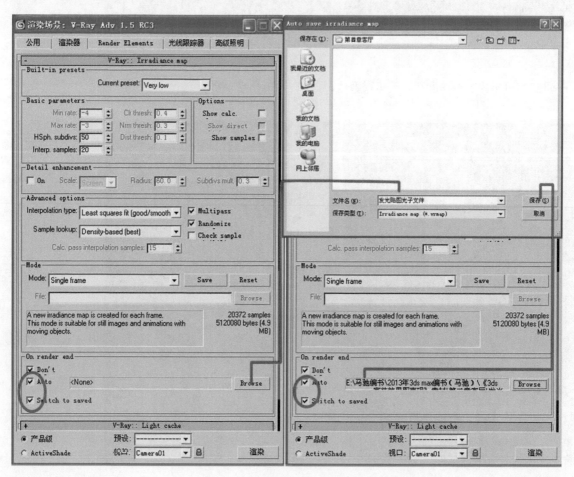

图 4-90

制作"灯光缓存光子文件",如图 4-91 所示。

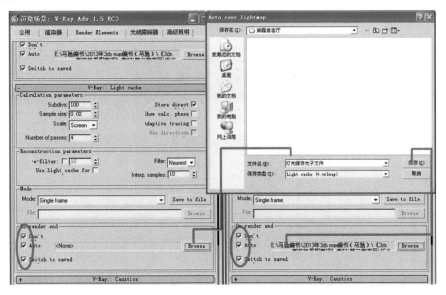

图 4-91

初步渲染场景后,完成光子文件的制作,如图 4-92 所示。

图 4-92

(5) 设置渲染面板,准备渲染输出,如图 4-93 所示。

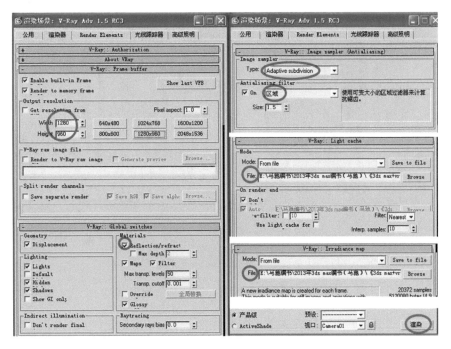

图 4-93

（6）渲染输出及文件保存，如图 4-94 所示。

图 4-94

（7）后期处理。在 Photoshop 中打开渲染输出保存的文件，如图 4-95 所示。

（8）运用曲线命令进行图片明暗对比度调整，如图 4-96 所示。

图 4-95

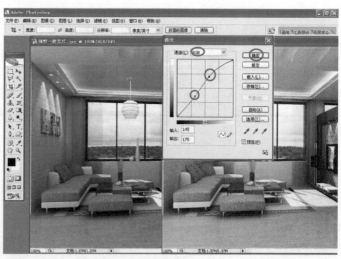

图 4-96

（9）执行"画布大小"命令，进行扩边处理，如图 4-97 所示。

（10）在扩边处添加矩形选区，如图 4-98 所示。

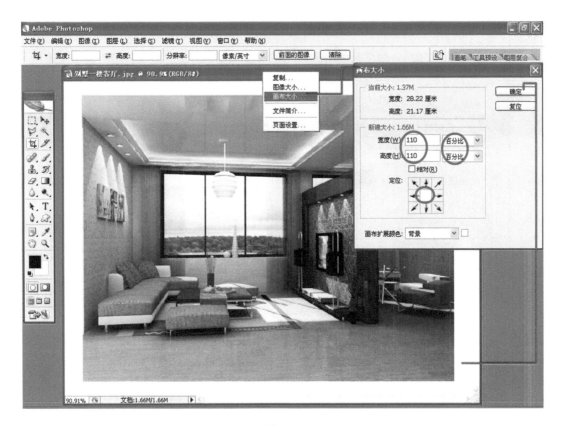

图 4-97

图 4-98

（11）对矩形选区进行描边处理，如图 4-99 所示。

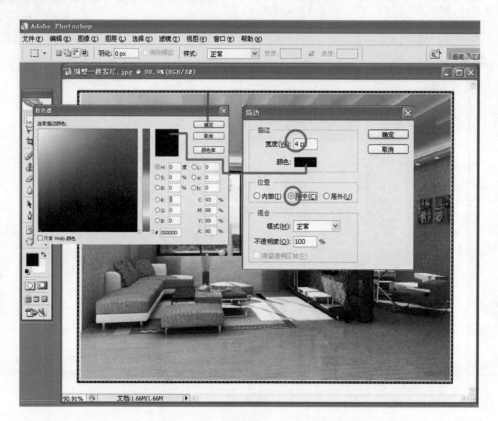

图 4-99

（12）添加说明文字，完成客厅效果图后期处理，如图 4-100 所示。

图 4-100

第五章

餐厅效果图制作

一、墙体建模

(1) 运行 3DS Max 软件，设置显示单位、系统单位为"毫米"，如图 5-1 所示。

图 5-1

(2) 导入餐厅墙体 AutoCAD 平面图，如图 5-2 所示。

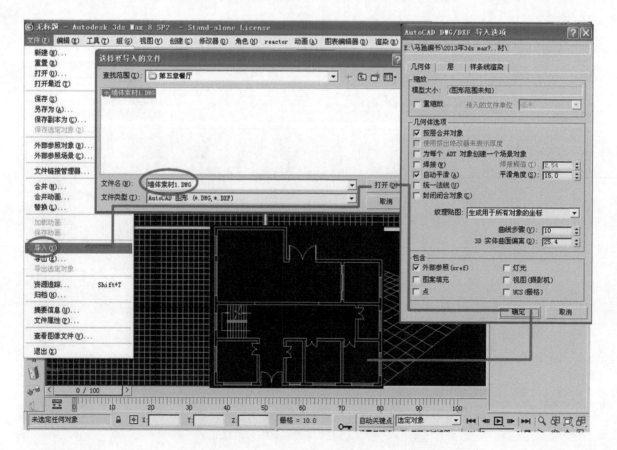

图 5-2

（3）在顶视图中运用顶点捕捉的方法，沿客厅、餐厅及楼梯间附加空间的内墙角点及门窗洞点绘制闭合线型，如图 5-3 所示。

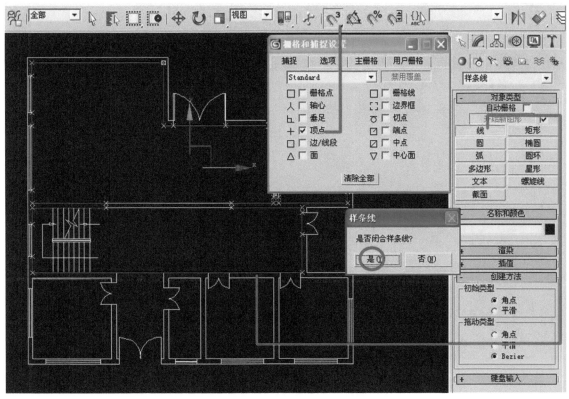

图 5-3

（4）在修改命令面板中"挤出"刚才创建的闭合线型并修改名称为"墙体"，如图 5-4 所示。

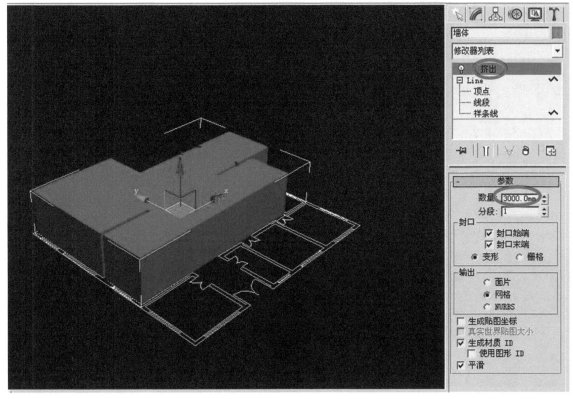

图 5-4

（5）在修改命令面板中对刚才创建的闭合线型运用"法线"命令，如图5-5所示。

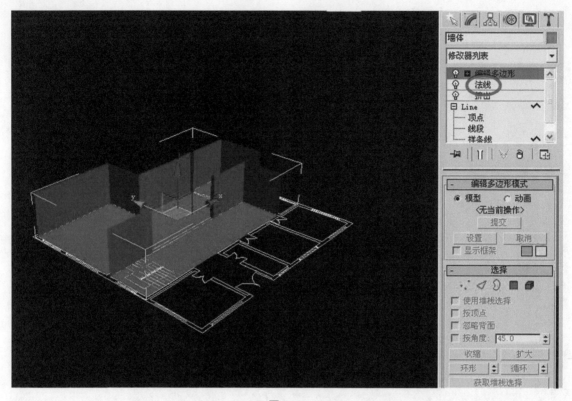

图 5-5

（6）在修改命令面板中选择"编辑多边形"下面的"边"，对餐厅与厨房之间门洞的左侧墙面进行连接处理，设置连接后的线段的高度，如图5-6所示。

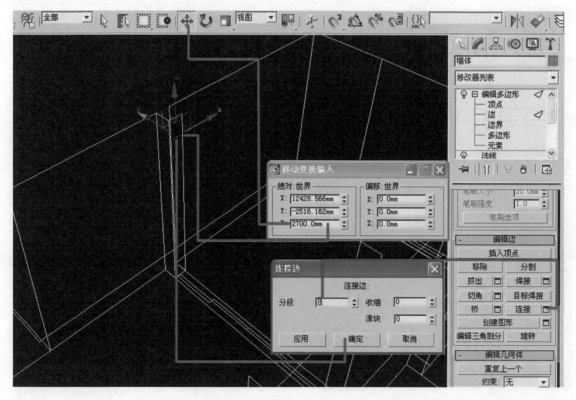

图 5-6

（7）用同样的方法对餐厅与厨房之间门洞的右侧墙面进行连接处理，设定线高；选择"编辑多边形"下面的"多边形"，同时选中两个矩形区域，然后执行桥接命令，制作门洞上面梁的模型，如图 5-7 所示。

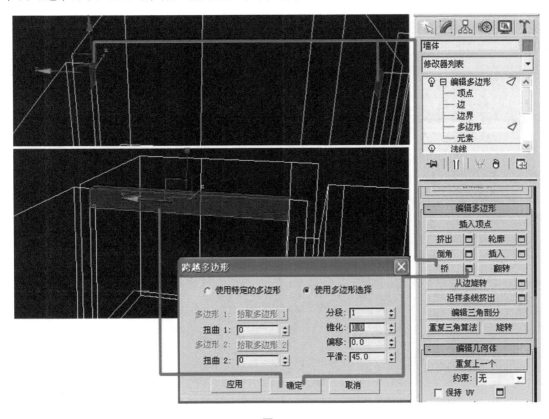

图 5-7

（8）对厨房空间窗洞进行连接处理，如图 5-8 所示。

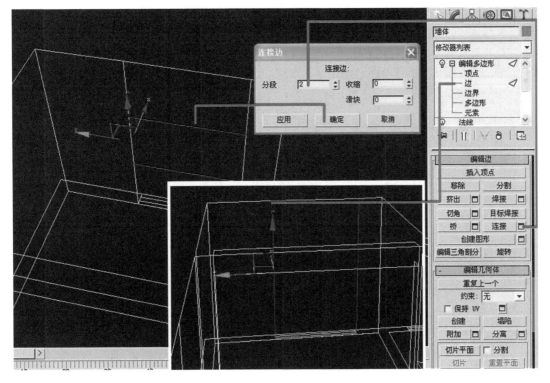

图 5-8

（9）对连接后的两条水平线高分别进行设置，如图 5-9 所示。

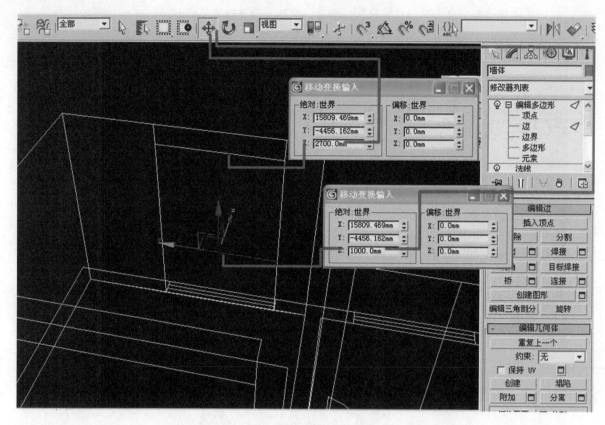

图 5-9

（10）选择"编辑多边形"下面的"多边形"，选中厨房窗洞块面，如图 5-10 所示。

图 5-10

（11）对选中的多边形块面进行挤出操作，如图 5-11 所示，然后删除该块面。

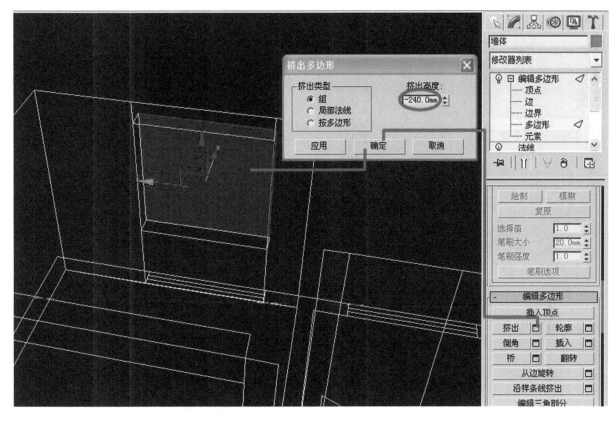

图 5-11

（12）选择"编辑多边形"下面的"边"，选中餐厅门洞两侧竖向直线，如图 5-12 所示。

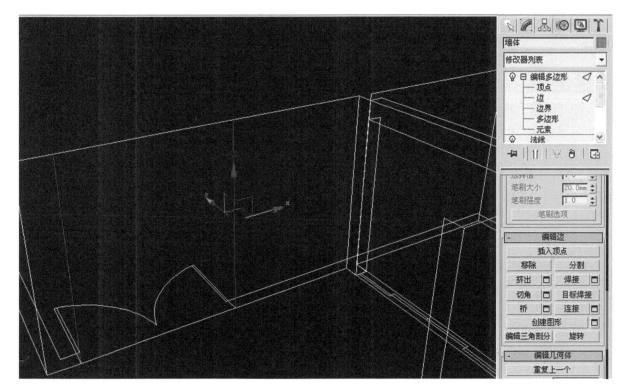

图 5-12

（13）连接门洞两侧竖向直线，设置连接的水平线高度，如图5-13所示。

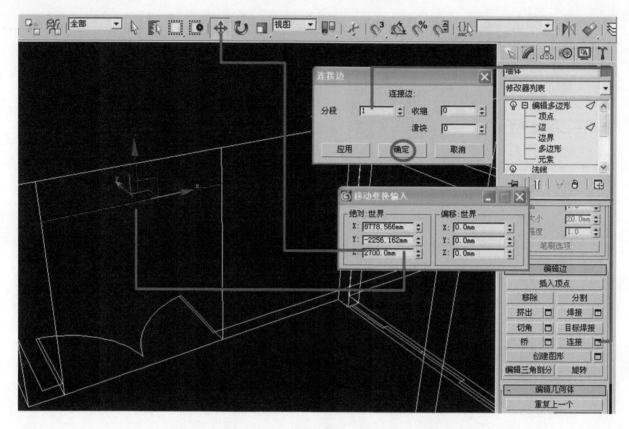

图5-13

（14）选择"编辑多边形"下面的"多边形"，选中门洞块面如图5-14所示。

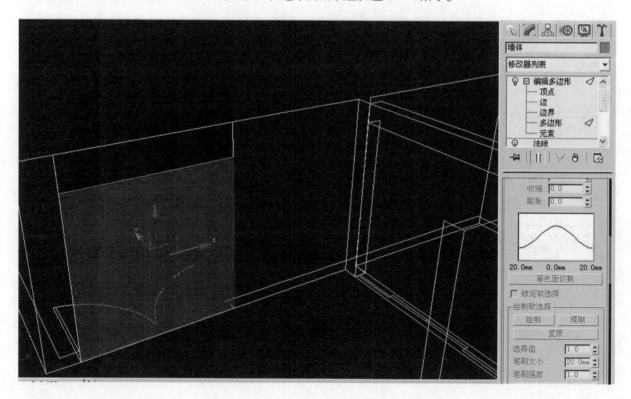

图5-14

（15）对选中的门洞块面进行挤出操作，如图 5-15 所示，然后删除该选中的块面。

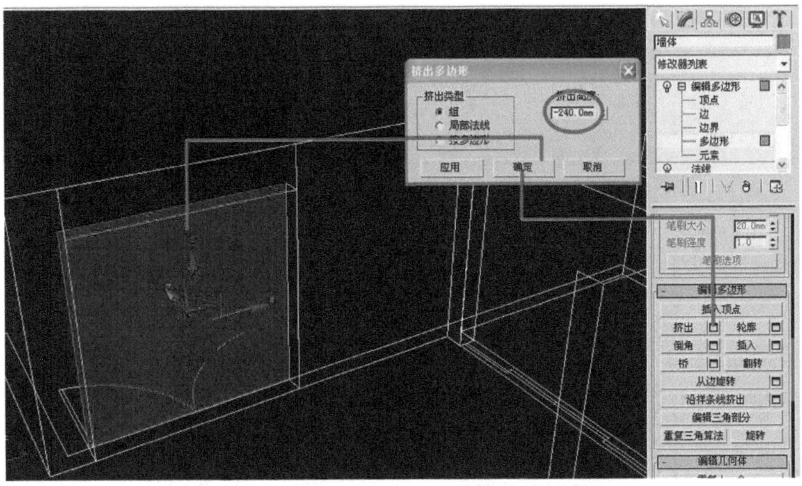

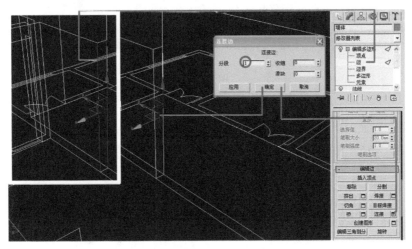

图 5-15

（16）选择"编辑多边形"下面的"边"，选中墙体两侧边进行连接处理，如图 5-16 所示。

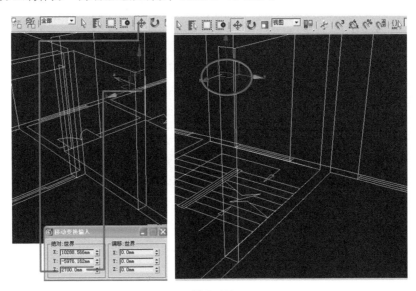

图 5-16

（17）用同样的方法制作另一侧墙面连接线条，如图 5-17 所示。

图 5-17

（18）选择"编辑多边形"下面的"多边形"，同时选中墙体左右两个矩形面，执行桥接命令，如图 5-18 所示。

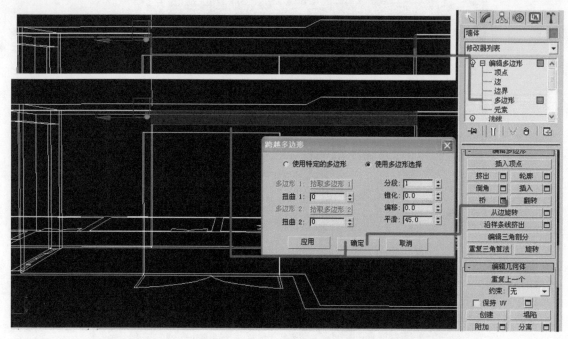

图 5-18

（19）选中导入的 AutoCAD 平面图，在显示命令面板中隐藏选定对象，如图 5-19 所示。

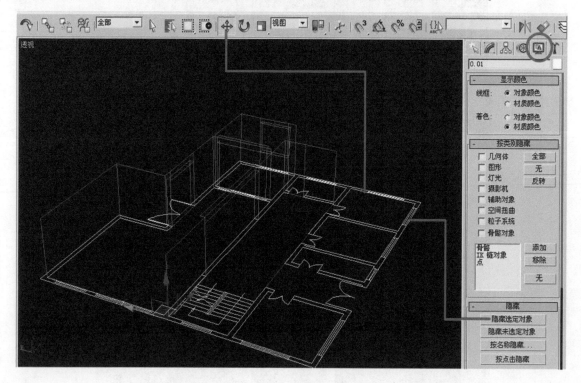

图 5-19

（20）在修改命令面板中，选中墙体物体的"顶点"次对象，选中厨房与餐厅之间门洞的两个顶点，然后进行顶点连接，使其在门洞地面处产生两条边线，如图5-20所示。

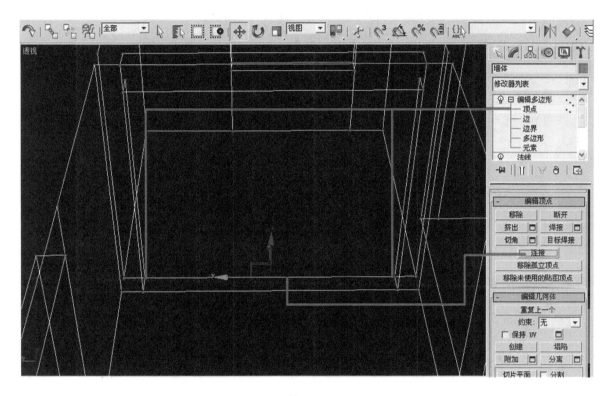

图 5-20

（21）选中"多边形"次对象，选择客厅餐厅地面，进行分离，并设定名称，如图5-21所示。

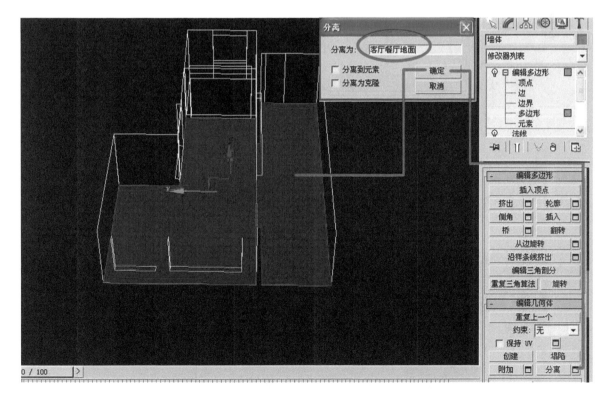

图 5-21

（22）选中"多边形"次对象，选择厨房地面进行分离，并设置名称，如图 5-22 所示。

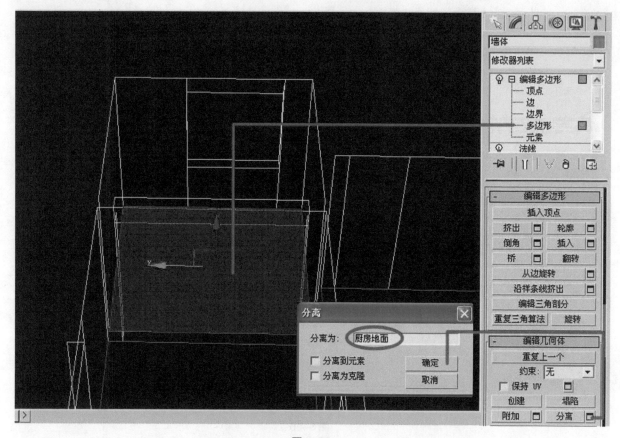

图 5-22

（23）选中大顶棚，进行分离，设定名称，如图 5-23 所示。

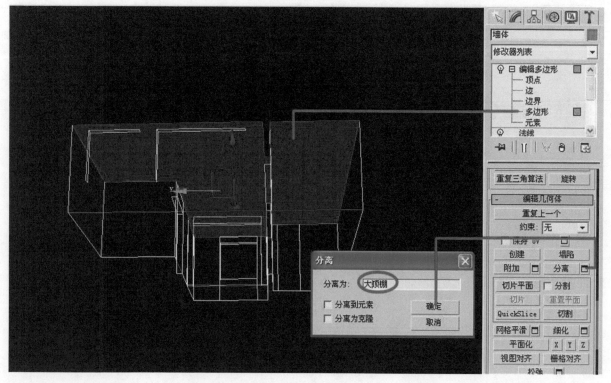

图 5-23

(24) 运用顶点捕捉，在顶视图中创建高度为"100 mm"的长方体室外地面，并设置 Z 轴高度为"−100 mm"，如图 5-24 所示。

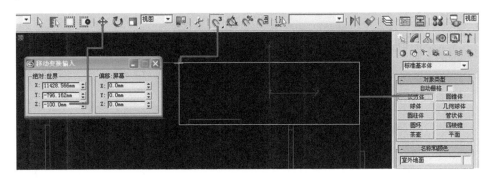

图 5-24

(25) 餐厅部分"门槛石"分离制作。选中"多边形"次对象，选择餐厅部分两个门槛石，进行分离操作，并设定名称，如图 5-25 所示。

图 5-25

(26) 对分离后的门槛石进行挤出高度的操作，如图 5-26 所示。

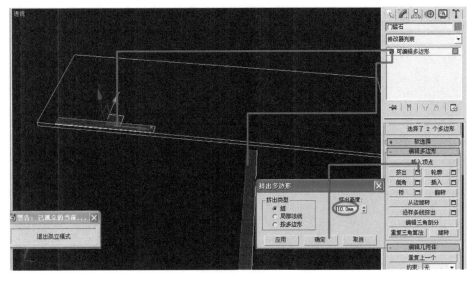

图 5-26

(27) 餐厅墙体建模部分基本完成。

二、空间装修建模

(1) 吊顶制作。导入第四章客厅部分的吊顶文件，如图 5-27 所示。

图 5-27

(2) 导入后的效果如图 5-28 所示。

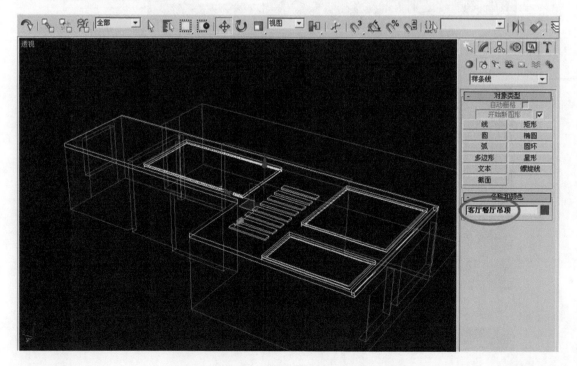

图 5-28

三、家电及陈设品合并

(1) 合并餐厅柜子，如图 5-29 所示。

图 5-29

(2) 合并后的餐厅柜子如图 5-30 所示。

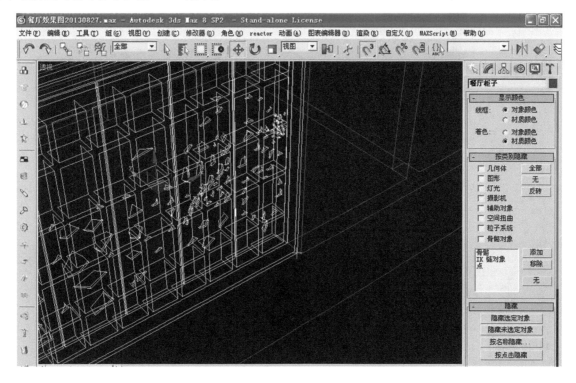

图 5-30

（3）合并餐桌椅模型，如图 5-31 所示。

图 5-31

（4）合并后的效果如图 5-32 所示。

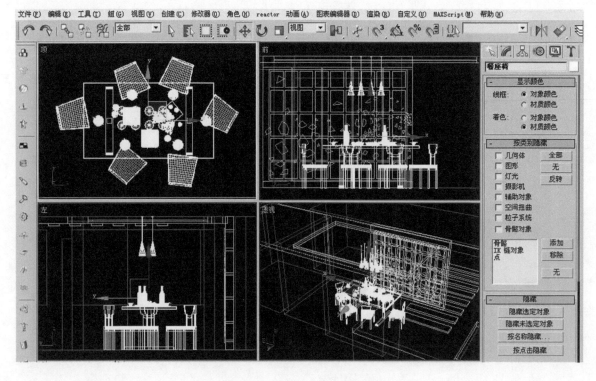

图 5-32

(5) 合并餐厅门及玻璃 01，如图 5-33 所示。

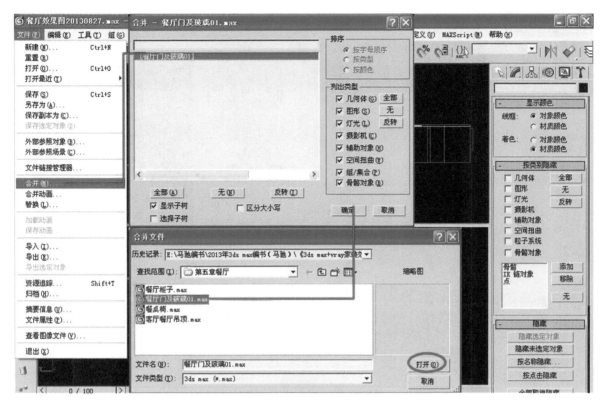

图 5-33

(6) 继续合并餐厅门及玻璃 02，如图 5-34 所示。

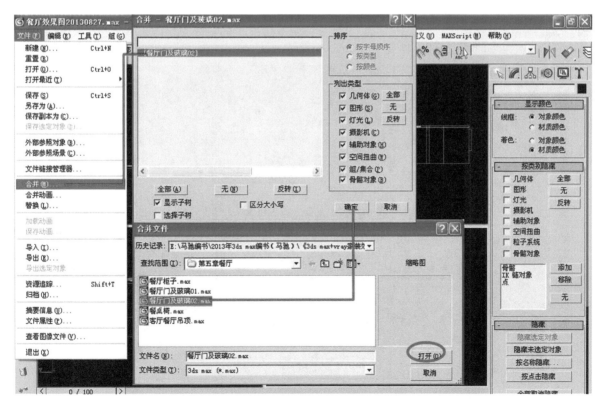

图 5-34

(7) 合并客厅部分室内模型，如图 5-35 所示。

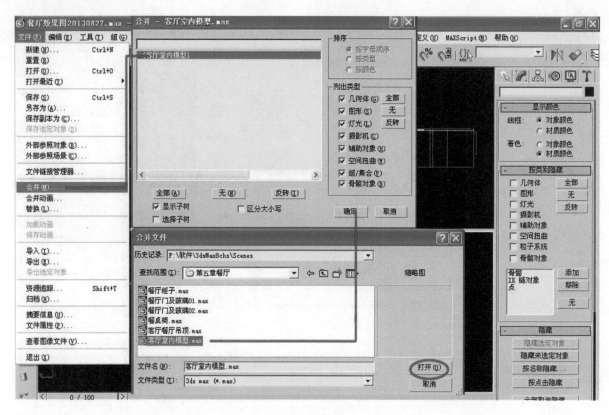

图 5-35

(8) 客厅部分室内模型全部合并后的效果如图 5-36 所示。

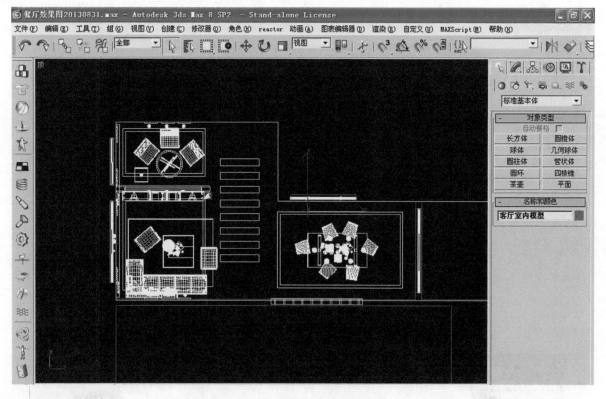

图 5-36

(9) 用同样的方法合并筒灯到餐厅吊顶处，如图 5-37 所示。

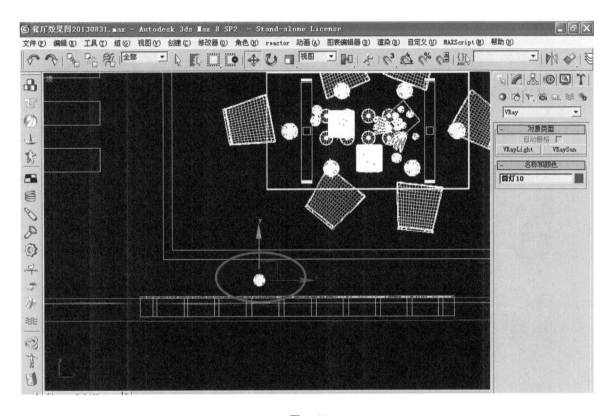

图 5-37

(10) 复制两个筒灯，三个筒灯排成一排，如图 5-38 所示。

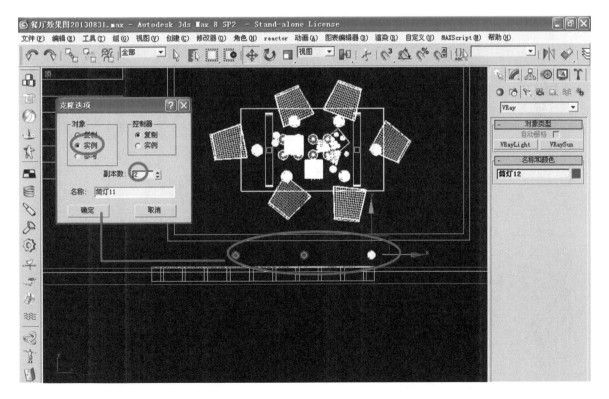

图 5-38

（11）复制一排三个筒灯，成为两排六个筒灯，如图 5-39 所示。

（12）餐厅部分的家具、电器模型合并基本完成。

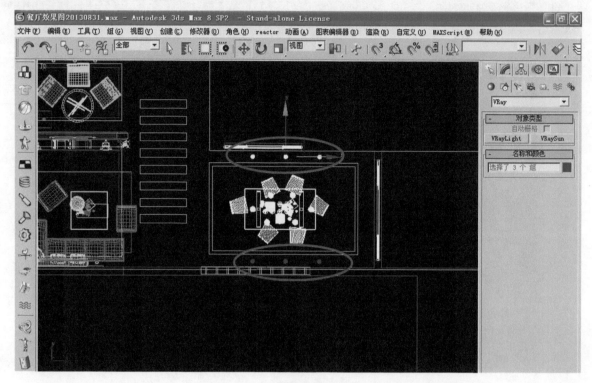

图 5-39

四、相机创建与编辑

（1）在顶视图中创建目标摄像机，如图 5-40 所示。

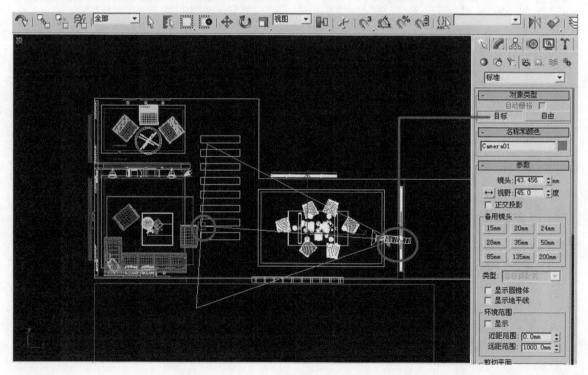

图 5-40

（2）在透视图中将透视图转换成相机视图，如图 5-41 所示。

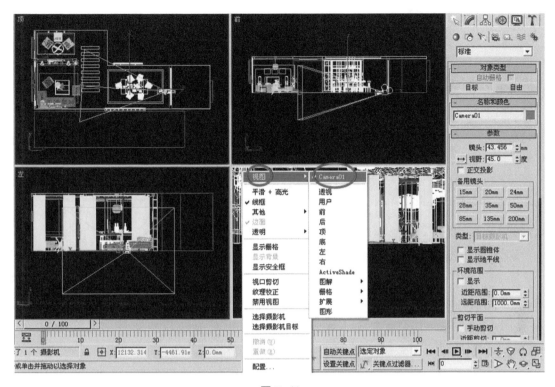

图 5-41

（3）在修改命令面板中通过调整"镜头"与"视野"的数值，调整观看范围，通过右下角移动工具，调整观看视高，通过选择移动工具，实现调整观看角度，如图 5-42 所示。

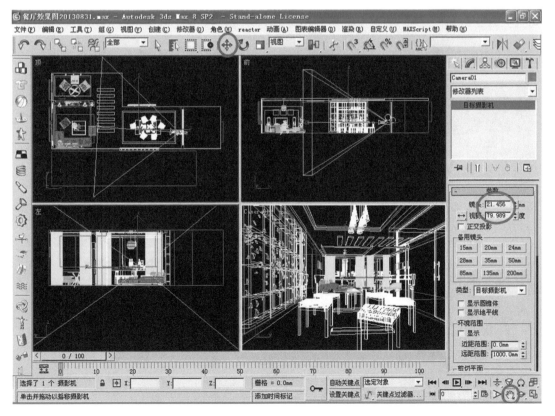

图 5-42

（4）相机调整完成，如图 5-43 所示。

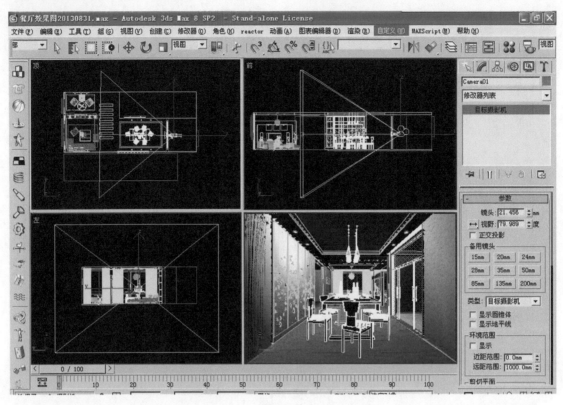

图 5-43

五、灯光测试与渲染初步设置

（1）在显示命令面板中隐藏摄像机，如图 5-44 所示。

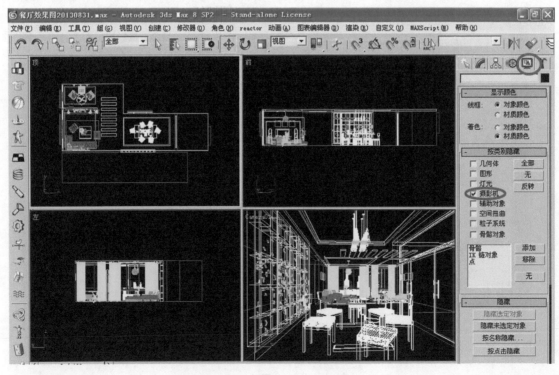

图 5-44

（2）创建主灯光。在顶视图中创建 VRayLight 灯光，设置参数，如图 5-45 所示。

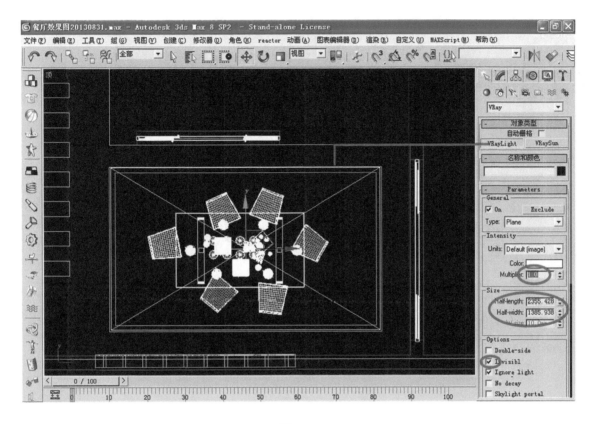

图 5-45

（3）在前视图中设置刚才创建的 VRayLight 灯光的高度，如图 5-46 所示。

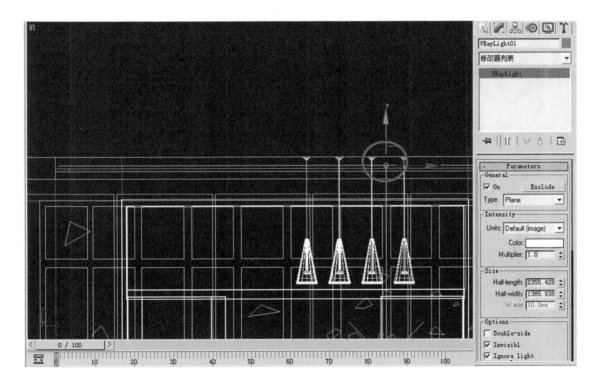

图 5-46

（4）在顶视图客厅空间处创建两盏灯，如图 5-47 所示。

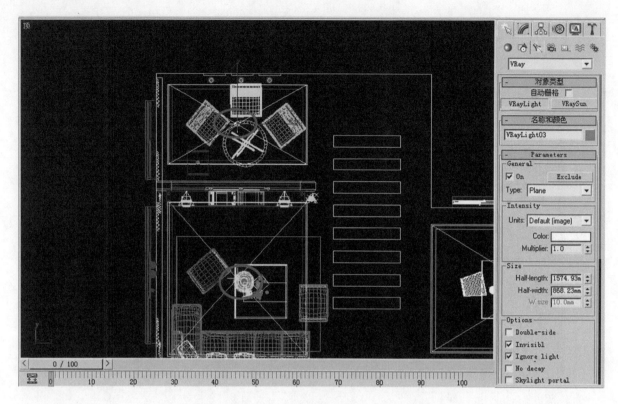

图 5-47

（5）选中刚才创建的两盏灯，在前视图中调整高度，如图 5-48 所示。

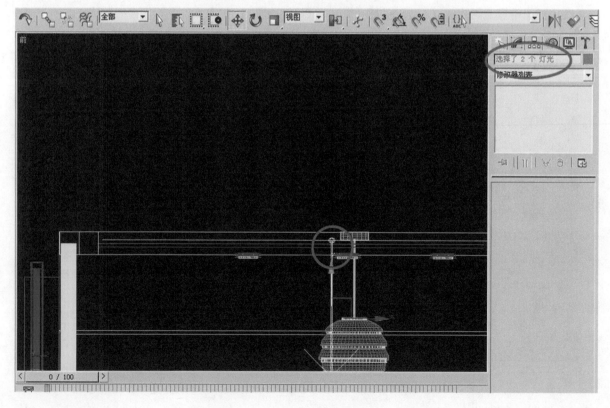

图 5-48

（6）在顶视图中楼梯间附加空间区域、客厅与餐厅之间空间区域分别创建两盏灯，如图 5-49 所示。

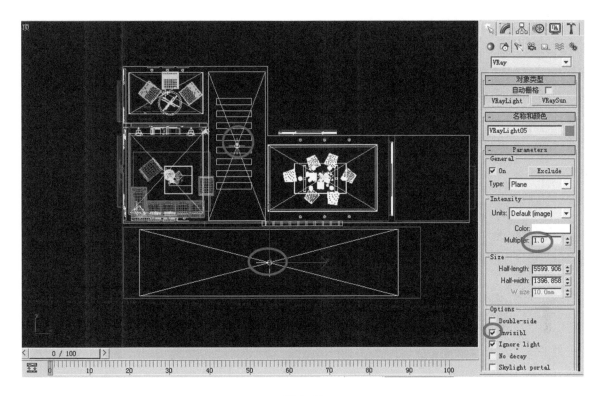

图 5-49

（7）将第（6）步创建的两盏灯的高度分别设置在吊顶的下面。

（8）创建室内射灯效果。在左视图中创建一盏目标聚光灯，并设置好照射位置，如图 5-50 所示。

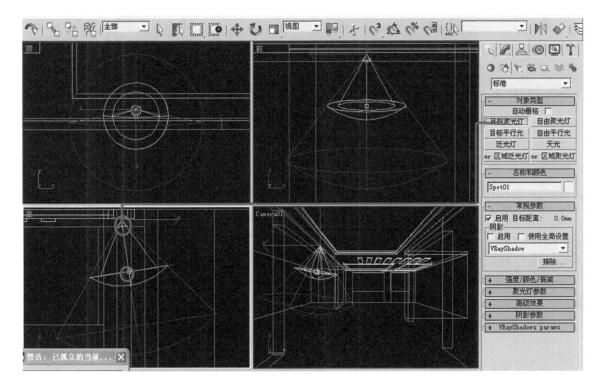

图 5-50

（9）设置第（8）步创建的目标聚光灯的各项参数，如图5-51所示。

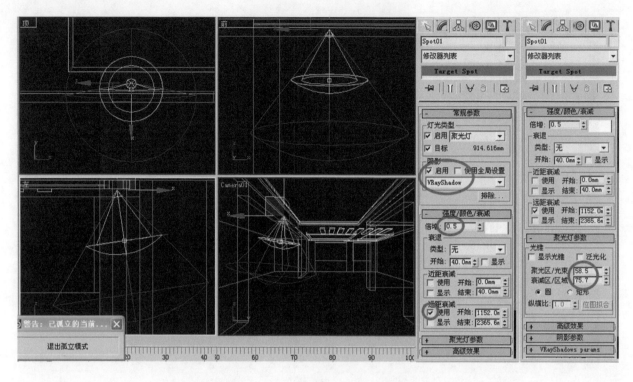

图5-51

（10）复制第（9）步设置好的目标聚光灯，三盏灯排成一排，如图5-52所示。复制灯时，它们之间的关系可以选择为"实例"关系。

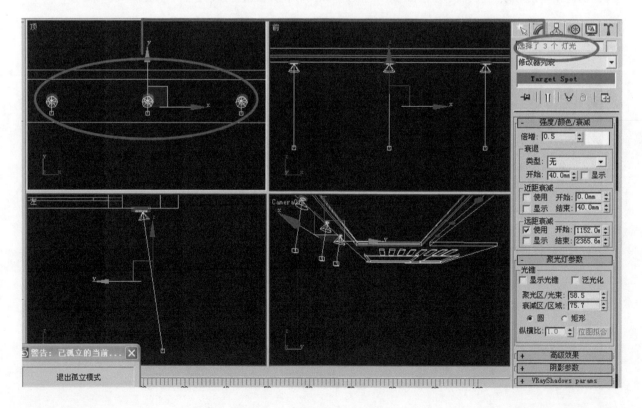

图5-52

（11）复制第（10）步创建的一排三盏灯，成为两排六盏灯，并设置好位置，如图 5-53 所示。复制灯时，它们之间的关系可以选择为"实例"关系。

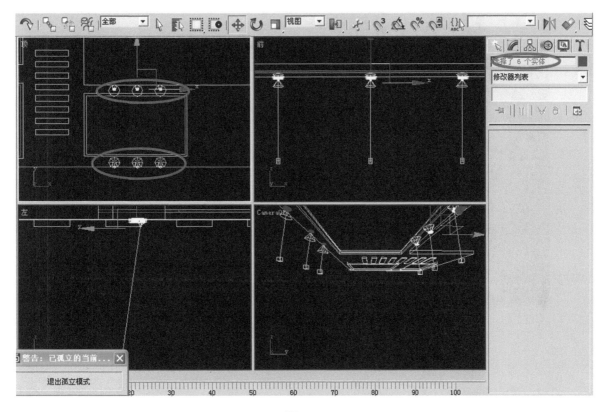

图 5-53

（12）创建室外太阳光。在顶视图中创建 VRaySun，创建过程及参数选择如图 5-54 所示。

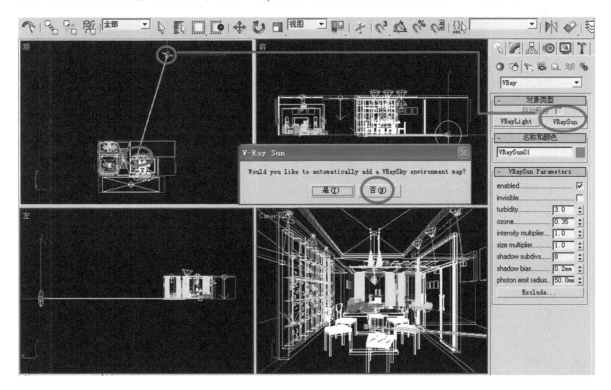

图 5-54

（13）在各视图中调整 VRaySun 太阳光的位置及参数，如图 5-55 所示。

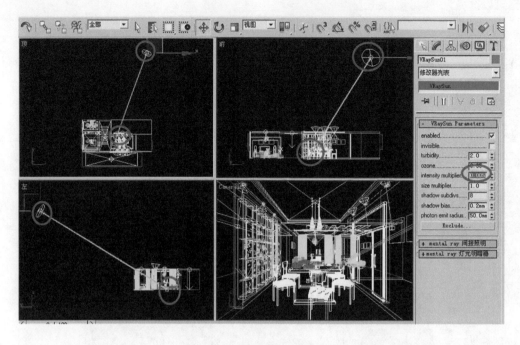

图 5-55

（14）下面进行初步渲染设置及灯光测试。

①按 F10 键，调出渲染场景对话框，在公用选项卡中选中"加载预设"，在调出的对话框中选择原来保存好的初步渲染设置文件，进行加载调入，如图 5-56 所示。

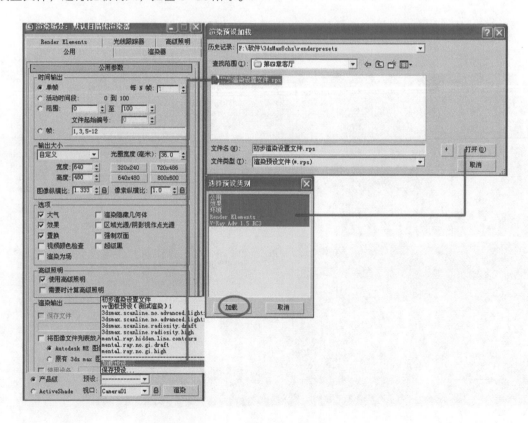

图 5-56

②按 M 键，调出材质编辑器对话框。选中右下角 24 号材质球，设置表面色数值，然后将该材质球直接拖动到渲染场景面板中的全局替换按钮上，如图 5-57 所示。

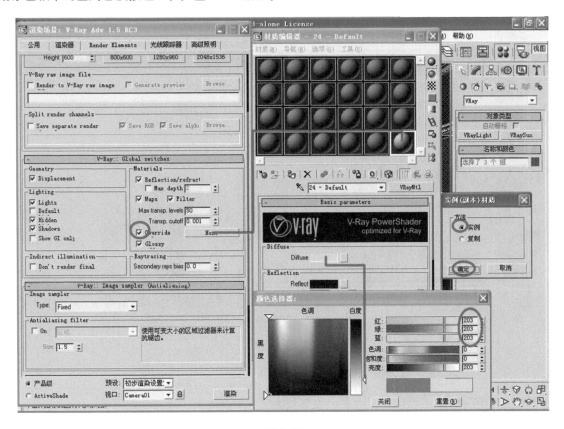

图 5-57

③设置好全局替换材质球，以及成功加载初步渲染设置后，单击渲染场景对话框中"渲染"按钮，进行灯光测试阶段的初步渲染，渲染完成后如图 5-58 所示。若对场景中物体明暗层次不满意，可以调整灯光倍增数值和区域大小，以及照射距离，直至场景灯光测试渲染的层次变化满足需要，完成灯光测试阶段任务。

图 5-58

六、材质贴图制作

（1）地板材质制作。选中材质编辑器左上角材质球进行地板材质编辑，如图 5-59 所示。

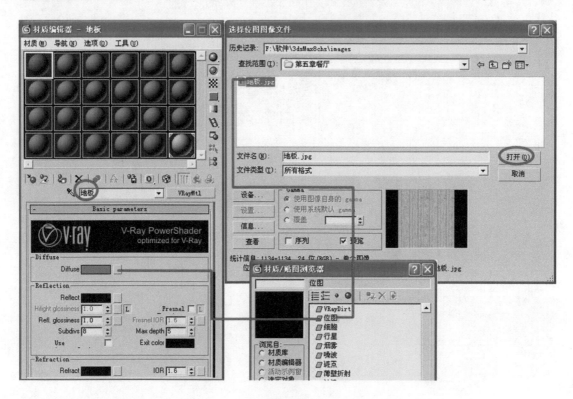

图 5-59

（2）将编辑好的地板材质赋予选中的客厅餐厅地面，在修改命令面板中，为该物体添加 UVW 贴图坐标，具体操作过程如图 5-60 所示。

图 5-60

（3）选中墙体，在修改命令面板中选择"编辑多边形"下面的"多边形"，选中图 5-61 所示红色块面，设置 ID 号为"1"。

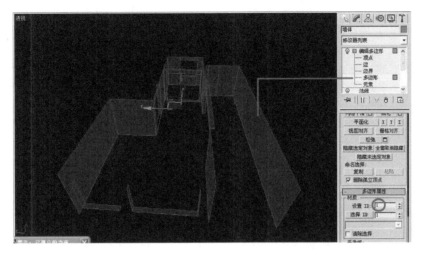

图 5-61

（4）继续编辑墙体。选中餐厅右侧墙面，设置 ID 号为"2"，如图 5-62 所示。

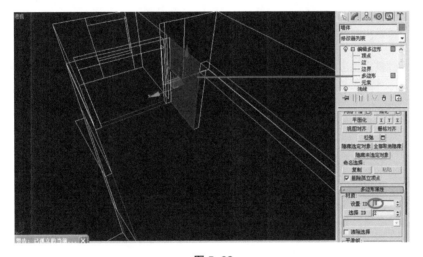

图 5-62

（5）继续编辑墙体材质。选中如图 5-63 所示三块红色面，设置 ID 号为"3"。

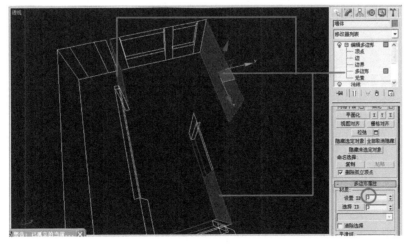

图 5-63

(6) 在材质编辑器面板中设置墙体材质为"多维/子对象",如图 5-64 所示。

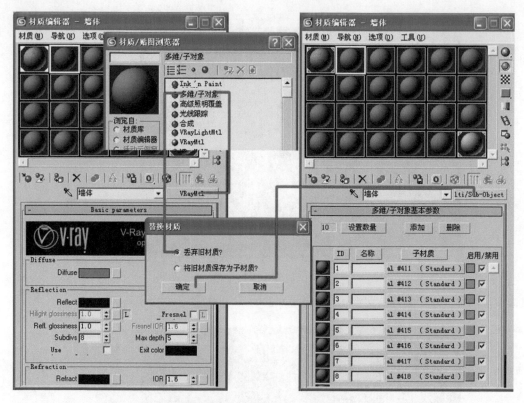

图 5-64

(7) 设置多维子材质的数量为"3",分别设置每个 ID 号材质的名称,如图 5-65 所示。

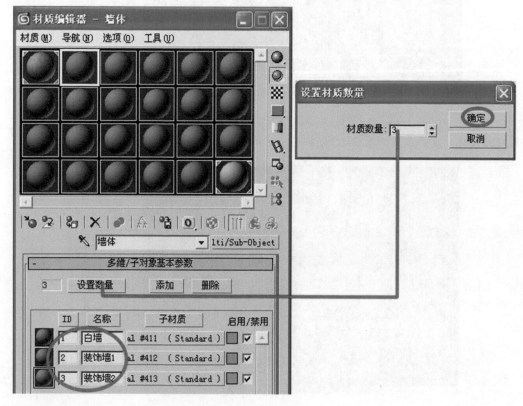

图 5-65

(8) 设置 ID 号为"1"的白墙材质的表面色及反射度，如图 5-66 所示。

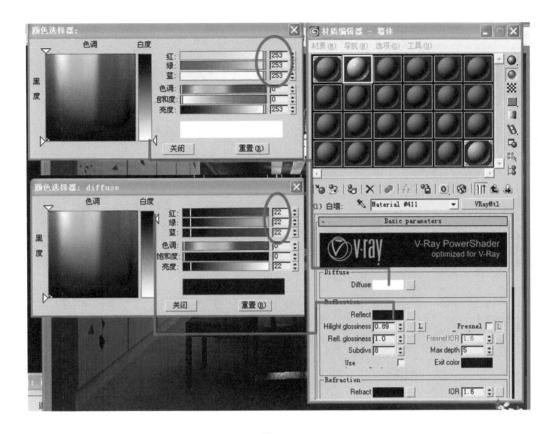

图 5-66

(9) 设置 ID 号为 2 的装饰墙的材质贴图，如图 5-67 所示。

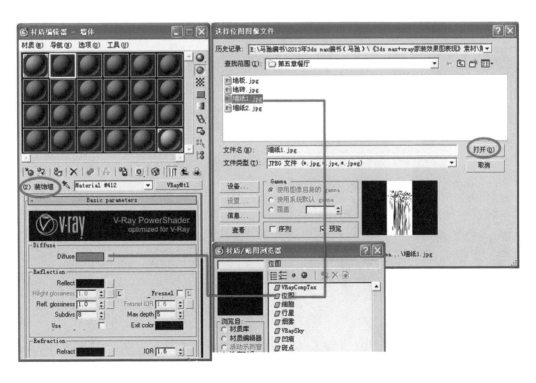

图 5-67

（10）设置 ID 号为 3 的装饰墙的材质贴图，如图 5-68 所示。

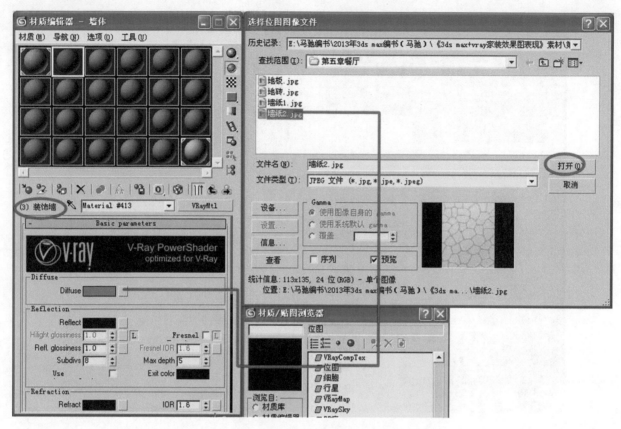

图 5-68

（11）将墙体材质赋予选中的墙体。对 ID 号为 2 的装饰墙 1 的材质贴图的平铺次数和偏移进行设置，如图 5-69 所示。

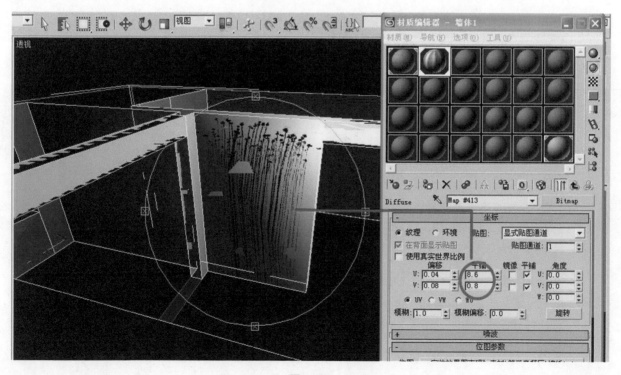

图 5-69

（12）对 ID 号为 3 的装饰墙 2 的材质贴图的平铺次数、偏移，以及图片裁剪进行设置，如图 5-70 所示。

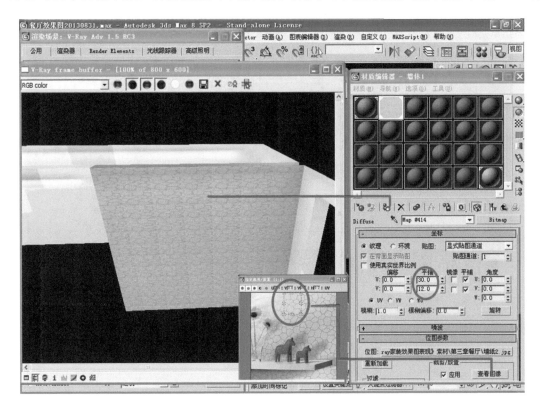

图 5-70

（13）设置吊顶材质表面色及反射度，如图 5-71 所示。

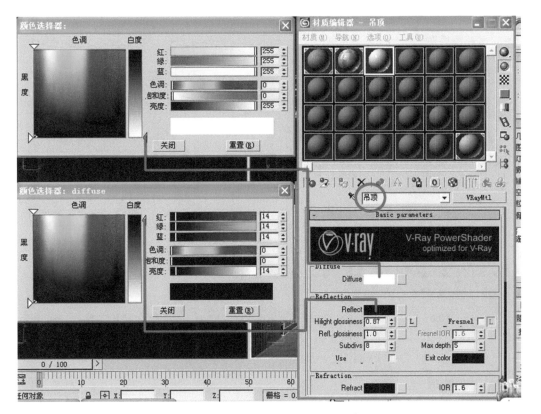

图 5-71

（14）选中大顶棚及客厅餐厅吊顶，将吊顶材质赋予选中的物体，如图 5-72 所示。

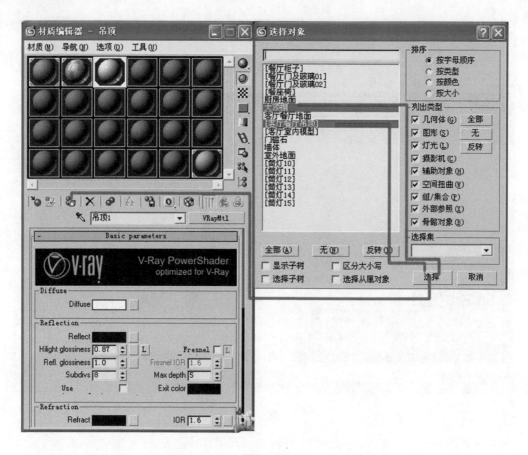

图 5-72

（15）设置门槛石材质贴图，如图 5-73 所示。

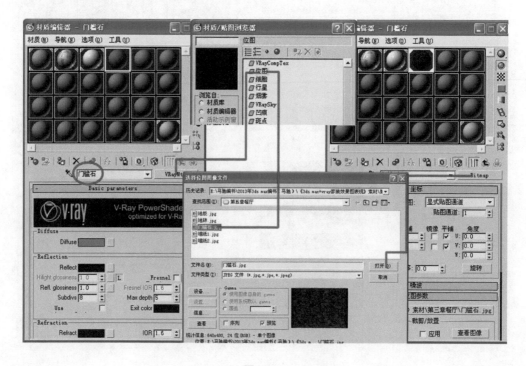

图 5-73

（16）设置室外地砖材质，如图 5-74 所示。

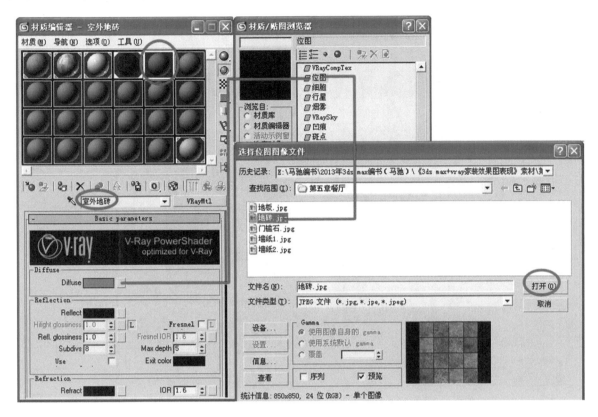

图 5-74

（17）将设置好的室外地砖材质赋予该物体，添加贴图坐标，如图 5-75 所示。

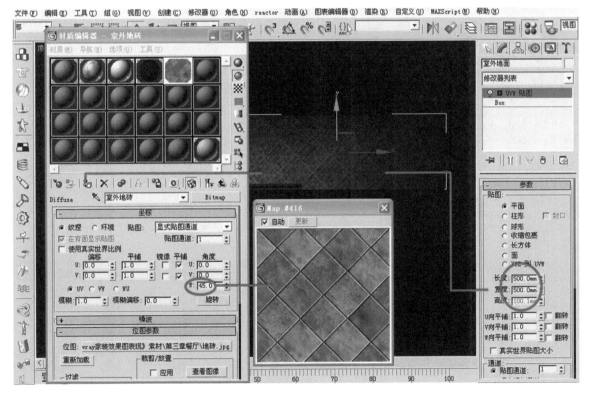

图 5-75

（18）孤立显示餐桌椅，并打开餐桌椅组，如图 5-76 所示，以便于后面的材质编辑。

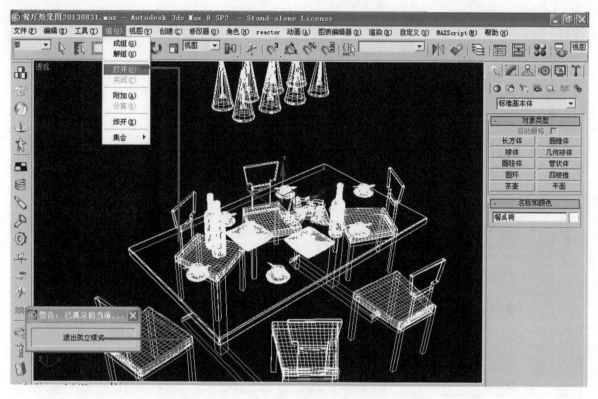

图 5-76

（19）制作餐桌椅浅色木纹材质贴图，如图 5-77 所示。

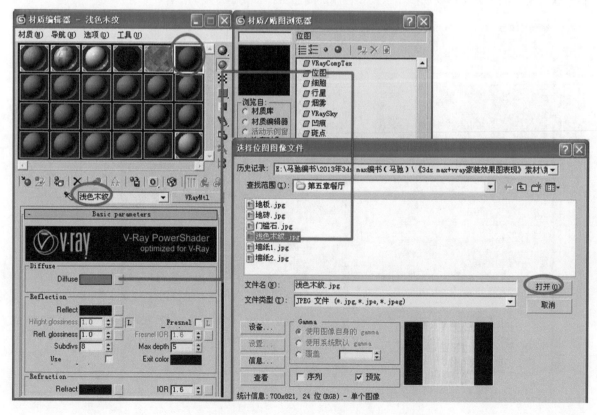

图 5-77

（20）设置浅色木纹材质的反射度和模糊反射，并将该材质赋予餐桌面及椅子支撑的木纹结构处，如图 5-78 所示。

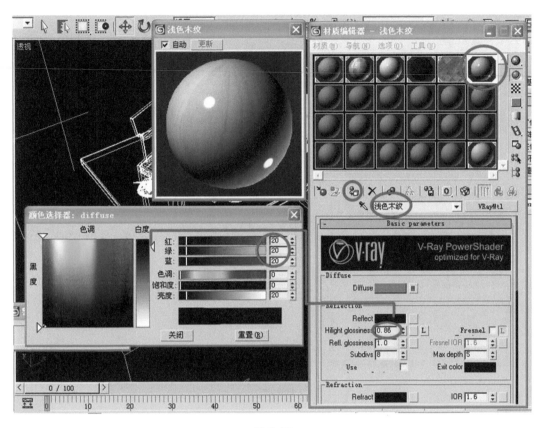

图 5-78

（21）设置餐椅坐垫材质贴图，如图 5-79 所示。

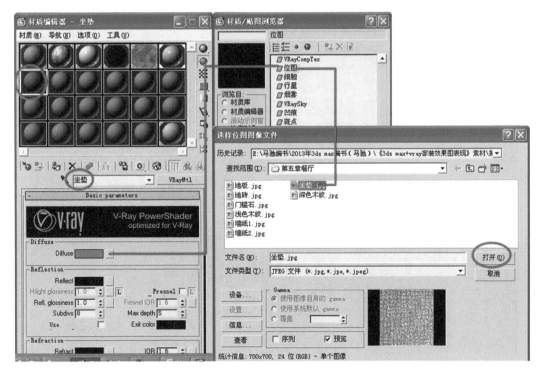

图 5-79

（22）设置不锈钢材质。单击获取材质按钮，在调出的材质贴图浏览器中选择原先保存的不锈钢材质，将其直接运用到场景中的材质编辑器中，如图 5-80 所示。

图 5-80

（23）将刚才创建的不锈钢、坐垫、浅色木纹等三种材质贴图赋予餐桌椅相应的部位，效果如图 5-81 所示。

图 5-81

（24）制作餐柜表面白漆效果，如图 5-82 所示。制作完成后将该材质赋予餐柜门表面。

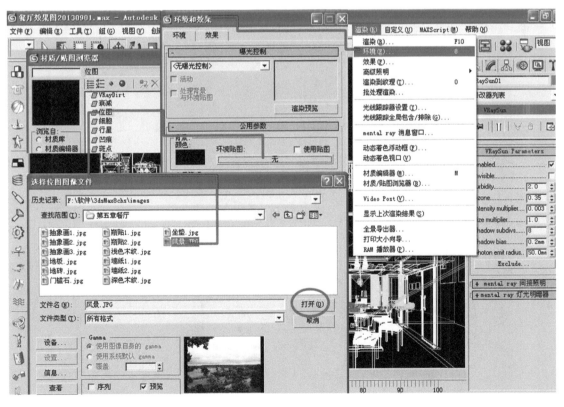

图 5-82

（25）制作室外风景。调出"环境和效果"对话框，在"环境贴图"按钮上单击，调入室外风景图片，如图 5-83 所示。

图 5-83

（26）将环境和效果对话框中的环境贴图拖动到材质编辑器中材质球上，选择"实例"关系，以便于后面编辑窗外风景的位置，如图 5-84 所示。

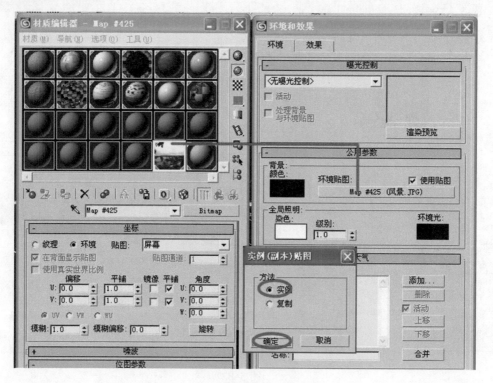

图 5-84

（27）场景中其他未讲述的材质，读者可根据已经讲述的材质编辑方法进行制作。将材质全部赋予场景中的物体，然后对场景中的全部对象及灯光进行渲染，效果如图 5-85 所示。若要对明暗和色调进行调整，可以通过灯光倍增、色彩、材质编辑器等进行调整。

图 5-85

(28) 材质贴图运用部分完成，下节进行渲染输出和后期处理。

七、渲染输出和后期处理

(1) 进行渲染输出前的"发光贴图光子文件"保存设置，如图 5-86 所示。

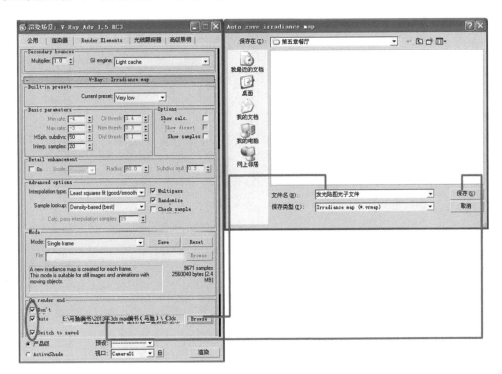

图 5-86

(2) 设置"灯光缓存光子文件"，然后渲染输出文件，并保存光子文件，如图 5-87 所示。

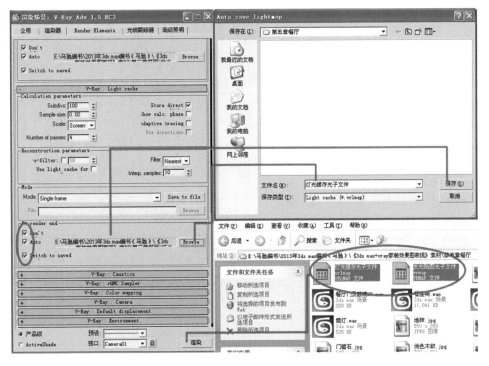

图 5-87

(3) 进行最终渲染输出。设置渲染窗框尺寸，以及抗锯齿设置，如图 5-88 所示。

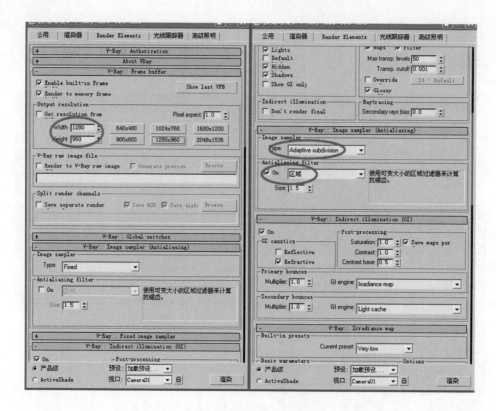

图 5-88

(4) 对发光贴图及灯光缓存选项参数进行设置，如图 5-89 所示。

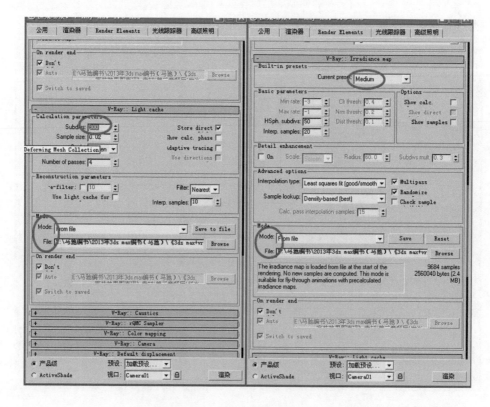

图 5-89

（5）保存渲染后的文件，便于后期处理，如图 5-90 所示。

图 5-90

（6）Photoshop 后期处理。在该软件中打开第（5）步渲染输出保存的文件，如图 5-91 所示。

图 5-91

（7）按 Ctrl+M 快捷键，调出"曲线"对话框。在对话框 RGB 主通道中调整曲线形态，实现图像明暗、对比度调整；在该对话框 B 通道中，调整曲线形态，实现图像色调偏色处理；调整过程及结果如图 5-92 所示。

图 5-92

（8）在图片标题栏上右击，选择"画布大小"命令，调出"画布大小"对话框。在对话框中进行参数设置，增大画布，然后在画面边缘创建矩形选区，如图 5-93 所示。

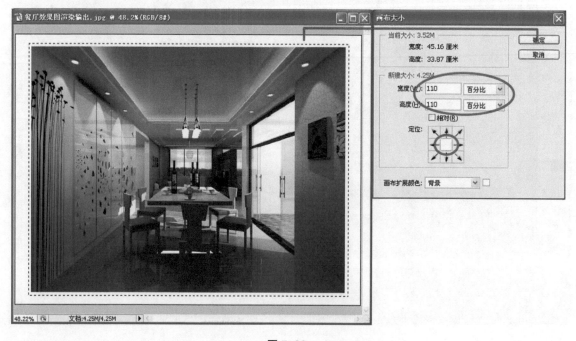

图 5-93

（9）对第（8）步在画面四周创建的矩形选区进行描边处理，如图 5-94 所示。

图 5-94

（10）删除第（9）步描边后的矩形选区，然后在画面右下角添加说明性文字，如图 5-95 所示。最后保存文件，结束后期处理。

图 5-95

参考
文献

[1] 思维数码.3ds max/VRay 超写实效果图表现技法精粹 [M].北京：北京希望电子出版
社，2009.

[2] 王瑶，韩涌，黄冠华.3ds max 渲染技术课堂 VRay 应用技法精粹[M].北京：北京科海
电子出版社，2009.